普通高等教育"十三五"规划教材

物联网技术概论

魏 赟 主编

U0316991

中国铁道出版社有限公司

CHINA RAILWAY PUBLISHING HOUSE CO., LTD.

内 容 简 介

本书共 10 章，主要内容包括物联网概述、物联网基本架构与标准、传感技术概述、自动识别技术、短距离无线通信技术、物联网组网概述、云计算与大数据技术、物联网的安全、物联网的应用、车联网建模与仿真研究。

本书是一本基础性、实践性强的教材，具有很高的实用价值，适合作为高等院校物联网专业的教材，也可供电子信息类、通信类相关专业的学生学习。

图书在版编目（CIP）数据

物联网技术概论 / 魏赟主编 . —北京：中国铁道出版社有限公司，2019.11（2023.12重印）
普通高等教育"十三五"规划教材
ISBN 978-7-113-26402-4

Ⅰ.①物… Ⅱ.①魏… Ⅲ.①互联网络－应用－高等学校－教材
②智能技术－应用－高等学校－教材 Ⅳ.① TP393.4 ② TP18

中国版本图书馆 CIP 数据核字（2019）第 257806 号

书　　名：**物联网技术概论**
作　　者：魏　赟

策　　划：潘晨曦　　　　　　　　　　　　　编辑部电话：（010）51873135
责任编辑：汪　敏　包　宁
封面设计：付　巍
封面制作：宿　萌
责任校对：张玉华
责任印制：樊启鹏

出版发行：中国铁道出版社有限公司（100054，北京市西城区右安门西街 8 号）
网　　址：http://www.tdpress.com/51eds/
印　　刷：番茄云印刷（沧州）有限公司
版　　次：2019 年 11 月第 1 版　　2023 年 12 月第 3 次印刷
开　　本：850 mm×1 168 mm　1/16　印张：10.5　字数：229 千
书　　号：ISBN 978-7-113-26402-4
定　　价：36.00 元

前　言

物联网技术是全球研究的热点，是继计算机和互联网之后世界信息产业的第三次浪潮。新技术发展需要大批专业人才，许多高等院校开设了物联网技术课程的教学。

本书弱化理论，以"够用"为度，强化能力培养，注重物联网的实际应用。书中编选了大量的物联网应用案例，同时给出国内外物联网技术发展的最新研究成果。

作为一个完整的物联网技术的知识理论体系，学生应该了解这些知识，但在很短时间内精通是困难的。本书力图帮助学生建立完整的课程理论框架，教会学生在今后的人生道路上不断完善知识体系的学习方法。

本书较全面地介绍了物联网的概念、关键技术及其应用。全书共10章，第1章介绍了物联网概念，对物联网的背景、物联网的发展进行了全面介绍；第2章介绍了物联网基本架构与标准，对物联网的基本架构、标准化体系、产业体系、标准制定及物联网应用系统模型进行了介绍；第3章是传感技术概述，重点讨论了传感器的概念、组成和分类及无线传感器网络的体系结构等；第4章介绍自动识别技术，详细介绍了磁卡技术、IC卡技术、RFID技术；第5章介绍短距离无线通信技术，对Wi-Fi技术、ZigBee技术、蓝牙技术、超宽带（UWB）技术进行了深入介绍；第6章是物联网组网概述，介绍了计算机网络基础、网络体系结构、通信标准和协议、TCP/IP协议和局域网等，为物联网组网奠定理论基础；第7章是云计算与大数据技术，阐述了云计算与大数据概念、发展及相关技术；第8章是物联网的安全，指出物联网的安全问题不容忽视；第9章是物联网的应用，主要介绍智能电网、智能交通、智能家居等三个典型的物联网应用案例；第10章是车联网建模与仿真研究，对车联网V2I单车道单向运行场景、V2I双车道双向运行场景、V2V运动场景和V2I具有冗余系统的场景分别进行建模与仿真。

本书在编写过程中得到了兰州交通大学铁道技术学院领导及同事的支持与帮助，在此表示衷心的感谢！

由于物联网技术领域发展变化快，再加上编者水平有限，书中难免有疏漏与不妥之处，殷切希望读者批评指正。

编　者

2019年10月

目 录

第 ① 章 物联网概述

物联网是全球研究的热点问题，是国家战略性新兴产业中信息产业发展的核心，在国民经济发展中发挥重要作用。物联网的提出使世界上所有的人和物在任何时间、任何地点都可以方便地实现人与人、人与物、物与物的信息交互。

1.1 物联网的背景

国际电信联盟（International Telecommunications Union，ITU）正式提出"物联网"这一概念以来，物联网在全球范围内迅速获得认可，并成为信息产业革命第三次浪潮和第四次工业革命的核心支撑。物联网技术的发展创新，深刻改变着传统产业形态和社会生活方式，催生了大量新产品、新服务、新模式。

1.1.1 物联网的概念

物联网（Internet of Things，IOT）是将各种信息传感设备与互联网结合起来而形成的一个巨大网络。其含义有两层意思：第一，物联网的核心和基础仍然是互联网，是在互联网基础上的延伸和扩展的网络；第二，其用户端延伸和扩展到了任何物品与物品之间，进行信息交换和通信。因此，"物联网概念"是在"互联网概念"的基础上，将用户端延伸和扩展到任何物品与物品之间，进行信息交换和通信的一种网络概念。物联网是新一代信息技术的重要组成部分。从广义上说，目前涉及信息技术的应用，都可以纳入物联网的范畴。

"物联网"定义的提出源于1995年比尔·盖茨的《未来之路》（*The Road Ahead*），在该书中比尔·盖茨首次提出物联网的概念，但由于受限于无线网络、硬件及传感器的发展，当时并没引起太多关注。

1999年，美国麻省理工学院（MIT）成立了自动识别技术中心（Automatic Identification Center，Auto–ID中心），构想了基于RFID（Radio Frequency Identification，射频识别）技术的物联网概念，提出了产品电子代码（Electronic Product Code，EPC）概念。通过EPC系统不仅能够对货品进行实时跟踪，而且能够优化整个供应链，从而推动自动识别技术的快速发展并大幅度提高消费者的生活质量。

2005年，在突尼斯举行的信息社会世界峰会（WSIS）上，ITU发布了《互联网报告2005：物联网》一文，在报告中明确提出了"物联网"的概念。

在我国，物联网的概念经过政府与企业的大力扶持已经深入人心。其含义为：物联网是将无处不在的末端设备和设施，包括具备"内在智能"的传感器、移动终端、工业系统、家庭智能设施、视频监控系统等和"外在智能"的物体。例如，贴上RFID的各种资产、携带无线终端的个人与车辆的"智能化物件"等，通过有限的长距离和短距离的各种无线及有线通信网络实现互联互通，基于计算机的SaaS（Software as a Service，软件即服务）营运等模式，在内网、专网、互联网环境下，采用实时的信息安全保障机制，提供安全可控乃至个性化的实时在线监测、定位追溯、报警联动、调度指挥、预案管理、远程控制、安全防范、远程维保、在线升级、统计报表、决策支持等管理和服务功能，实现对"万物"的高效、节能、安全、环保的管理以及控制、运营的一体化。

1.1.2　物联网的定义

2005年11月17日，ITU正式提出"物联网"概念。"物联网"颠覆了人类之前物理基础设施和互联网技术基础设施截然分开的传统思维，将基于通信技术的具有自我标识、感知和智能的物理实体有效连接在一起，使得政府管理、生产制造、社会管理及个人生活实现互联互通，被称为继计算机、互联网之后，世界信息产业的第三次浪潮。

物联网是新一代信息技术的高度集成和综合运用，对新一轮产业变革和经济社会绿色、智能、可持续发展具有重要意义。因其具有巨大增长潜能，已是当今经济发展和科技创新的战略制高点，成为各个国家构建社会新模式和重塑国家核心竞争力的先导。

随着各种感知技术、现代网络技术、人工智能和自动化技术的发展，物联网的内涵也在不断完善，具有代表性的定义如下：

定义1：由具有标识、虚拟个体的物体/对象所组成的网络，这些标识和个体运行在智能空间，使用智慧的接口与用户、社会和环境进行连接和通信。

————2008年5月，欧洲智能系统集成技术平台（EPoSS）

定义2：物联网是未来互联网的整合部分，它是以标准、互通的通信协议为基础，具有自我配置能力的全球性动态网络设施。在这个网络中，所有实质和虚拟的物品都有特定的编码和物理特性，通过智能界面无缝连接，实现信息共享。

————2009年9月，欧盟第七框架RFID和互联网项目组报告

定义3：物联网是通过信息传感设备，按照约定的协议，把任何物品与互联网连接起来，进行信息交换和通信，以实现智能化识别、定位、跟踪、监控和管理的一种网络。它是在互联网基础上延伸和扩展的网络。

————2010年3月，中国政府工作报告所附的注释中对物联网的定义

定义4：物联网是一个将物、人、系统和信息资源与智能服务相互连接的基础设施，可以利用它来处理物理世界和虚拟世界的信息并作出反应。

——2014年，ISO/IEC JTC1 SWG5物联网特别工作组

国内学者认为，定义4简单明确，易于理解，其中包含了物联网重要的特征和特点，比如互联、处理事件的能力等。其实，物联网是现代信息技术发展到一定阶段后出现的一种聚合性应用与技术提升，将各种感知技术、现代网络技术和人工智能与自动化技术聚合与集成应用，实现人与物智慧对话，创造一个智慧世界。

目前，国际上公认的物联网定义是：通过射频识别（RFID）、红外线传感器、全球定位系统、激光扫描器等信息传感设备，按约定的协议，把任何物品与互联网相连接，进行信息交换和通信，以实现对物品的智能化识别、定位、跟踪、监控和管理的一种网络。

1.1.3　物联网的主要特点

从物联网的本质来看，物联网具有以下3个特点。

①互联网：对需要联网的物能够实现互联互通的互联网络。

②识别与通信：纳入联网的"物"一定要具备自动识别、物物（Machine-To-Machine，M2M）通信的功能。

③智能化：网络系统应具有自动化、自我反馈和智能控制的特点。

从产业的角度看，物联网具有以下6个特点。

①感知识别普适化：无所不在的感知和识别将传统上分离的物理世界和信息世界高度融合。

②异构设备互联化：各种异构设备利用无线通信模块和协议自组成网，异构网络通过"网关"互联互通。

③联网终端规模化：物联网时代每一件物品均具有通信功能而成为网络终端，5～10年内联网终端规模有望突破百亿。

④管理调控智能化：物联网高效可靠组织管理海量数据，与此同时，运筹学、机器学习、数据挖掘、专家系统等决策手段将广泛应用于各行各业。

⑤应用服务链条化：以工业生产为例，物联网技术覆盖从原材料引进、生产调度、节能减排、仓储物流到产品销售、售后服务等各个环节。

⑥经济发展跨越化：物联网技术有望成为国民经济从劳动密集型向知识密集型、从资源浪费型向环境友好型转型发展过程中的重要动力。

1.1.4　物联网的主要技术

物联网技术的核心和基础仍然是互联网技术，是在互联网技术基础上延伸和扩展的一种网络技术，其用户端延伸和扩展到了任何物品和物品之间。物联网涉及感知、控制、网络通信、微电子、软

件、嵌入式系统等技术领域，因此物联网涵盖的关键技术非常多。为了系统分析物联网技术体系，将物联网技术体系划分为感知关键技术、网络通信关键技术、应用关键技术和共性技术等。

1. 感知关键技术

传感和识别技术是物联网感知物理世界获取信息和实现物体控制的首要环节，传感器将物理世界中的物理量、化学量、生物量转换为可供处理的数字信号，识别技术实现对物联网中物体标识和位置信息的获取。

2. 网络通信关键技术

网络通信关键技术主要实现物联网信息和控制信息的双向传递、路由和控制，重点包括低速近距离无线通信技术、低功耗路由、自组织通信、无线接入M2M通信增强技术、IP承载技术、网络传送技术、异构网络融合技术以及认知无线电技术。

3. 应用关键技术

海量信息智能处理综合运用高性能计算、人工智能、数据库和模糊计算等技术，对收集的感知数据进行通用处理，重点涉及数据存储、并行计算、数据挖掘、平台服务、信息呈现等。面向服务的体系架构（Service Oriented Architecture，SOA）是一种松耦合的软件组件技术，它将应用程序的不同功能模块化，并通过标准化的接口和调用方式联系起来，实现快速可重用的系统开发和部署。

4. 共性技术

物联网共性技术涉及网络的不同层面，主要包括架构技术、标识和解析、安全和隐私、网络管理技术等，其中在物联网应用领域中主要有5项关键共性技术。

（1）RFID技术

RFID技术是一种传感器技术，该技术利用射频信号通过空间电磁耦合实现无接触信息传递并通过所传递的信息实现物体识别。由于RFID技术具有无须接触、自动化程度高、耐用可靠、识别速度快、适应各种工作环境、可实现高速和多标签同时识别等优势，在自动识别、物品物流管理等方面有着广阔的应用前景。

（2）传感器技术

传感器是摄取信息的关键器件，它是物联网中不可缺少的信息采集手段。目前传感器技术已渗透科学和国民经济的各个领域，在工农业生产、科学研究及改善人民生活等方面，起着越来越重要的作用。

（3）嵌入式系统技术

嵌入式系统技术是集计算机软硬件、传感器技术、集成电路技术、电子应用技术于一体的复杂技术。经过几十年的演变，以嵌入式系统为特征的智能终端产品随处可见。如果把物联网用人体做一个简单比喻，那么传感器就相当于人的眼睛、鼻子、皮肤等感官，网络就是神经系统用来传递信息，嵌入式系统则是人的大脑，在接收到信息后要进行分类处理。

（4）网络通信技术

网络通信技术包含很多重要技术，其中M2M技术最为关键。从功能和潜在用途角度看，M2M引起了整个"物联网"的产生。

（5）云计算

云计算是一种按使用量付费的服务模式，这种模式提供可用的、便捷的、按需的网络访问，进入可配置的计算资源共享池。资源包括网络、服务器、存储、应用软件等，这些资源能够被快速提供，只需投入很少的管理工作，或与服务供应商进行很少的交互。

1.1.5　物联网与其他网络

1. 传感器网络

传感器网络（Sensor Network，传感网）的概念最早由美国军方提出，起源于1978年美国国防部高级研究计划局（Defense Advanced Research Projects Agency，DARPA）开始资助卡耐基梅隆大学进行分布式传感器网络的研究项目。2008年2月，ITU-T（ITU Telecommunication Standardization Sector，国际电信联盟电信标准分局）在《泛在传感器网络》（*Ubiquitous Sensor Networks*）研究报告中指出：它是由智能传感器节点组成的网络，可以以"任何地点、任何时间、任何人、任何物"的形式被部署。该技术可以在广泛的领域中推动新的应用和服务。

传感器网络的定义为随机分布的集成有传感器、数据处理单元和通信单元的具有无线通信与计算能力的微小节点，通过自组织的方式构成的无线网络。传感器网络的节点间距离很短，一般采用多跳（Multi-hop）的无线通信方式进行通信。传感器网络可以在独立环境下运行，也可以通过网关连接到互联网，使用户可以远程访问。传感器网络是以感知为目的，实现人与人、人与物、物与物全面互联的网络。

传感器网络综合了传感器技术、嵌入式计算技术、网络以及无线通信技术和分布式信息处理等技术，能够通过各类集成化的微型传感器协作，实时检测、感知和采集各种环境或监测对象的信息，通过嵌入式系统对信息进行处理，并通过随机自组织无线通信网络，以多跳中继方式将所感知的信息传送到用户终端，从而真正实现"无处不在的计算"理念。

2. 泛在网

泛在网是指无所不在的网络，又称泛在网络。最早提出此概念的日本和韩国给出的定义是：无所不在的网络社会将是由智能网络、最先进的计算技术以及其他领先的数字技术基础设施武装而成的技术社会形态。根据这样的构想，泛在网络将以"无所不在""无所不包""无所不能"为基本特征，帮助人类实现"4A"化通信，即在任何时间（Anytime）、任何地点（Any-where）、任何人（Anyone）、任何物（Anything）都能顺畅地通信。

泛在网在网络层的关键技术包括新型光通信、分组交换、互联网管控、网络测量和仿真、多技术混合组网等。泛在网的构建依赖3个实体层的存在和互动：一是无所不在的基础网络；二是无所不在的终端单元；三是无所不在的网络应用。

3. 物联网、传感器网络与泛在网之间的关系

传感器网络是物联网的组成部分，物联网是互联网的延伸，泛在网是物联网发展的远景。

未来泛在网、物联网、传感器网络各有定位，传感器网络是泛在网的组成部分，物联网是泛在网发展的物联阶段，通信网、互联网、物联网之间相互协同融合，是泛在网发展的目标。

物联网将解决广域或大范围的人与物、物与物之间信息交换需求的联网问题，物联网采用不同的技术把物理世界的各种智能物体、传感器接入网络，通过接入延伸技术，实现末端网络的互联实现人与物、物与物之间的通信。在这个网络中，机器、物体和环境都将被纳入人类感知的范畴，利用传感器技术、智能技术，所有的物体将获得生命的迹象，从而变得更加智能，实现了数字虚拟世界与真实世界的对应或映射。

1.2 物联网的发展

1.2.1 物联网的发展历程

国外物联网的实践最早可以追溯到1990年施乐公司的网络可乐贩售机（Networked Coke Machine）。这台可乐贩售机虽然并不会发微博，但用户可以通过向它发邮件来获取它的状态。它能告诉用户机器里有没有可乐，还能够分析出6排储物架上的可乐哪一排最凉爽，使用户能够买到最冰爽的可乐。

1995年，比尔·盖茨在其《未来之路》一书中提及物联网的概念，但未引起广泛重视。

1999年，在美国召开的移动计算和网络国际会议提出了"传感网是下一个世纪人类面临的又一个发展机遇"，会议上提出物联网这个概念；1999年美国MIT Auto-ID中心的Ashton教授在研究RFID技术时最早提出了结合物品编码、RFID技术和互联网技术的解决方案。

2003年，美国《技术评论》提出传感器网络技术将是未来改变人们生活的十大技术之首。

2005年11月17日，在突尼斯举行的信息社会世界峰会（WSIS）上，ITU发布《ITU互联网报告2005：物联网》，引用了"物联网"的概念。物联网的定义和范围发生变化，覆盖范围有较大的拓展，不再只是指基于RFID技术的物联网。

2008年后，为了促进科技发展，寻找经济新的增长点，各国政府开始重视下一代技术规划，将目光放在了物联网上。在我国，同年11月在北京大学举行的"知识社会与创新2.0"第二届中国移动政务研讨会上，提出移动技术、物联网技术的发展代表着新一代信息技术的形成，并带动了经济社会形态、创新形态的变革，推动了面向知识社会的以用户体验为核心的下一代创新（创新2.0）形态的形成，创新与发展更加关注用户、注重以人为本。而创新2.0形态的形成又进一步推动新一代信息技术的健康发展。

2009年欧盟执委会发表了欧洲物联网行动计划，描绘了物联网技术的应用前景，提出欧盟政府要

加强对物联网的管理，促进物联网的发展。

2009年1月28日，奥巴马就任美国总统后，与美国工商业领袖举行了一次"圆桌会议"，作为仅有的两名代表之一，IBM公司首席执行官彭明盛首次提出"智慧地球"这一概念，建议新政府投资新一代的智慧型基础设施。当年，美国将新能源和物联网列为振兴经济的两大重点。

2009年2月24日，IBM公司的钱大群公布了名为"智慧地球"的最新策略。IBM公司认为，互联网技术产业下一阶段的任务是把新一代互联网技术充分运用在各行各业中。具体地说，就是把感应器嵌入和装备到电网、铁路、桥梁、隧道、公路、建筑、供水系统、大坝、油气管道等物体中，并且被普遍连接，形成物联网。IBM公司还提出，如果在基础建设的执行中，植入"智慧"的理念，不仅仅能够在短期内有力地刺激经济、促进就业，而且能够在短时间内为世界打造一个成熟的智慧基础设施平台，"智慧地球"策略能掀起互联网浪潮之后的又一次科技产业革命。

1.2.2　全球物联网发展现状和态势

1. 全球物联网发展进入新的战略机遇期

2013年到2018年，全球物联网市场整体规模呈现加速扩张趋势。

（1）技术进步和产业的逐步成熟推进物联网的发展

①产业成熟度提升促使物联网部署成本不断下降。相比10年前，全球物联网处理器价格下降约98%，传感器价格下降约54%，成本的降低为物联网大规模部署提供了基础。

②联网技术不断突破。目前在全球范围内低功率广域网（Low Power Wide Area Network，LPWAN）技术快速兴起并逐步商用，面向物联网广覆盖、低时延场景的5G技术标准化进程加速，同时工业以太网、短距离通信技术等相关通信技术也取得显著进展。

③数据处理技术与能力明显提升。随着大数据整体技术体系的基本形成，信息提取、知识表现、机器学习等人工智能研究方法和应用技术发展迅速。

④产业生态构建所需的关键能力加速成熟。云计算、开源软件等有效降低了企业构建生态的门槛，推动了全球范围内水平化物联网平台的兴起和物联网操作系统的进步。

（2）产业要素的完备和发展条件的成熟推动物联网的发展

这一阶段物联网主要具体有以下几个特征。

①平台化服务。利用物联网平台打破垂直行业的"应用孤岛"，促进大规模应用的发展，形成新的业态，实现服务的增值化。同时利用平台对数据的汇聚，在平台上挖掘物联网数据价值，衍生新的应用类型和应用模式。

②泛在化连接。广域网和短距离通信技术的不断应用推动更多的传感器设备接入网络，为物联网提供大范围、大规模的连接能力，实现物联网数据实时传输与动态处理。

③智能化终端。一方面传感器等底层设备自身向着智能化的方向发展，另一方面通过引入物联网操作系统等软件，降低底层面向异构硬件开发的难度，支持不同设备之间的本地化协同，并实现面向

多应用场景的灵活配置。

2．全球争抢物联网产业机遇的关键布局期

（1）在政府层面，各国高度重视物联网新一轮发展带来的产业机遇

美国以物联网应用为核心的"智慧地球"计划、欧盟的十四点行动计划、日本的"U-Japan计划"、韩国的"IT839战略"和"U-Korea"战略、新加坡的"下一代I-Hub"计划等都将物联网作为当前发展的重要战略目标。资本市场同样看好物联网发展前景，对物联网领域相关公司的投资持续增加。

（2）在产业层面，意图争夺物联网未来发展的战略导向

产业巨头纷纷制定其物联网发展战略，通过并购、合作等方式快速进行重点行业和产业链的关键环节布局。2015年5月，华为公司公开"1+2+1"的物联网发展战略，明确了向物联网进军的发展战略；同年10月，Microsoft公司正式发布物联网套件Azure IOT Suite，协助企业简化物联网在云端应用部署及管理；2016年3月，Cisco公司以14亿美元并购物联网平台，并成立物联网事业部。除此之外，全球知名企业均从不同环节布局物联网，产业大规模发展的条件正快速形成。

3．传统产业升级和规模化消费市场发展的突破创新期

从物联网概念兴起发展至今，各类应用长期并存。

（1）工业/制造业等传统产业的智能化升级成为推动物联网突破创新的重要契机

工业/制造业转型升级将推动产品、设备、流程、服务中物联网感知技术应用，网络连接的部署和基于物联网平台的业务分析及数据处理，加速推动物联网突破创新。

（2）规模化消费市场的兴起加速物联网的推广

车联网、智慧城市、智能家居、智能硬件、智能安防等成为物联网发展的热点领域。随着世界经济下行压力的增加和新技术变革的出现，各国积极应对新一轮科技革命和产业变革带来的挑战，美国的"先进制造业伙伴计划"、德国的"工业4.0"、中国的"中国制造2025"等一系列国家战略的提出和实施，其根本出发点在于抢占新一轮国际制造业竞争制高点。

1.2.3 我国物联网发展现状

在我国物联网概念的前身是传感器网络。中国科学院早在1999年就启动了传感器网络技术的研究，并取得了一系列的科研成果。2009年以后，国内出现了对物联网技术进行集中研究的浪潮；2010年物联网被写入了政府工作报告，发展物联网提升到战略发展高度。"十三五"规划纲要明确提出"发展物联网开环应用"，将致力于加强通用协议和标准的研究，推动物联网不同行业不同领域应用间的互联互通、资源共享和应用协同。

1．生态体系逐步完善

随着技术、标准、网络的不断成熟，物联网产业正进入快速发展阶段。从我国物联网产业链中各层级发展成熟度来看，设备层已进入成熟期。其中M2M服务、中高频RFID、二维码等产业环节具有一定优势。但基础芯片设计、高端传感器制造及智能信息处理等高端产品仍依赖进口；连接层在国内

发展较为成熟，竞争度较为集中；平台层分为网络运营和平台运营。其中，网络运营主要是三大电信运营商，平台运营相对于国外仍处于起步阶段；应用层处于成长期。随着上述基础设施的不断完善，物联网对工业、交通、安防等各行业应用的渗透不断提高，其中智能制造、车联网、消费智能终端等已形成一定的市场规模。

2. 行业应用领域加速突进

现阶段，我国物联网正广泛应用于电力、交通、环保、物流、工业、医疗、水利、安防、电力等领域，并形成了包含芯片和元器件、设备、软件、系统集成、电信运营、物联网服务在内的较为完善的产业链体系，为诸多行业实现精细化管理提供了有力的支撑，大大提升了管理能力和水平，改变了行业运行模式。在这些领域，涌现出了一批有较强实力的物联网领军企业，初步建成了一批共性技术研发、检验检测、投融资、成果转化、人才培训、信息服务等公共服务平台。

3. 标准体系局部取得突破

近年来，我国在物联网国际标准化中的影响不断提升，国内越来越多的企业开始积极参与国际标准的制定工作，中国已经成为ITU相应物联网工作组的主导国之一，并牵头制定了首个国际物联网总体标准——《物联网概览》。我国相关企业和单位一直深入参与3GPP MTC（Machine Type Communication）相关标准的制定工作。在国内标准研制方面，对传感器网络、传感器网络与通信网融合、RFID、M2M、物联网体系架构等共性标准的研制不断深化。

4. 创新成果不断涌现

目前，国内在物联网领域已经建成了一批重点实验室，汇聚整合多行业、多领域的创新资源，基本覆盖了物联网技术创新各环节，物联网专利申请数量逐年增加。2017年，工业和信息化部确定正式建立组网方案及推广计划，国内三大基础电信企业均已启动窄带物联网（Narrow Band Internet of Things，NB-IOT）建设，将逐步实现全国范围广泛覆盖，NB-IOT发展在国际话语中的主导权不断提高。

5. 产业集群优势突显

目前，我国物联网产业发展逐渐呈现集群性、区域性的分布特征，已初步形成环渤海、长三角、泛珠三角以及中西部地区四大区域集聚发展的空间格局，并建立起无锡、重庆、杭州、福州4个国家级物联网产业发展示范基地和多个物联网产业基地，围绕北京、上海、无锡、杭州、广州、深圳、武汉、重庆八大城市建立产业联盟和研发中心。无锡成为全国首个物联网全域覆盖的地级市，成为我国乃至世界物联网发展最具活力的地区之一。

各区域产业集聚各有特色，物联网应用发展各有侧重，产业领域和公共服务保持协调发展。其中，环渤海地区是我国物联网产业重要的研发、设计、设备制造及系统集成基地；中西部地区物联网产业发展迅速，各重点省市纷纷结合自身优势，布局物联网产业，抢占市场先机；长三角地区物联网产业发展主要定位于产业链高端环节，从物联网软硬件核心产品和技术两个关键环节入手，实施标准与专利战略，形成全国物联网产业核心；泛珠三角地区是国内电子整机的重要生产基地，电子信息产业链各环节发展成熟。

1.2.4 我国物联网行业发展趋势

1. 国内物联网行业未来应用的广度和效益巨大

随着联网设备技术的进步、标准体系的成熟以及政策的推动，物联网应用领域在不断拓宽，新的应用场景将不断涌现。我国物联网产业将在智能电网、智能家居、数字城市、智能医疗、智能物流、车用传感器等领域率先普及，成为产业革命重要的推动力。

（1）智能物流成为行业发展趋势

在物流管理领域应用物联网，对于大幅降低物流成本、促进物流信息技术相关的标准化体系建设、建立依托于集成化物联网信息平台基础之上的现代物流系统意义重大。

（2）智能医疗前景看好

医疗卫生信息化是国家信息化发展的重点，已纳入"十三五"国家网络安全和信息化建设重点，将实现重点突破。未来几年，我国医疗信息化规模将持续增长。

（3）智能家居领域将迎来较快发展机遇

在"十三五"期间，国内物联网在家居领域的需求规模将继续迎来较快发展机遇，特别是美的、小米等企业跨界合作形式的涌现，坚定了行业快速发展的信心。

（4）车联网发展更加成熟

车联网市场内生动力强大，相关技术标准日趋成熟，全面推广的各方面条件基本具备，将成为物联网应用的率先突破方向。

2. 国内物联网分工协作格局成型

国内物联网产业已初步形成环渤海、长三角、泛珠三角以及中西部四大区域集聚发展的总体产业空间格局，未来我国物联网产业空间演变将呈现出三大趋势。

①产业发展"多点开花"，热点地区将不断涌现。天津、昆明、宁波等城市将物联网产业作为本地区重点发展的产业领域。

②产业分布"星火燎原"，二三线城市纷纷投身物联网产业发展。徐州、佛山、河北固安县、山东微山县等市县开始积极培育发展物联网产业。

③产业演变"合纵连横"，区域分工将进一步显现。国内物联网产业分布呈现相对集中的态势，随着未来国内物联网产业规模的不断壮大，以及应用领域的不断拓展，产业链之间的分工与整合也将随之进行，区域之间的分工协作格局也将进一步显现。

3. 物联网与新一代信息技术的融合加深

作为新一代信息技术的重要组成部分，物联网的跨界融合、集成创新和规模化发展，在促进传统产业转型升级方面起到了巨大的作用。当前，NB-IOT、5G、人工智能、云计算、大数据、区块链、边缘计算等一系列新的技术将不断注入物联网领域，助力"物联网+行业应用"快速落地，促使物联网在工业、能源、交通、医疗、新零售等领域不断普及，也催生了智能门锁、智能音箱、无人机等诸多单品成为物联网的新应用。未来几年，人工智能、区块链、大数据、云计算等和物联网的关系将会被理顺，进而构建出一个新的、泛在的智能ICT（Information and Communication Technology，信息和通信技术）基础设施，应用于整个社会。同时，随着物联网的壮大，安全问题将被提上日程。

小　结

本章主要介绍了物联网的背景、物联网的发展，重点讨论了物联网相关概念、物联网的特点与发展历程。

习　题

一、简答题

1. 物联网的定义有哪些？各有什么优缺点？

2. 简述物联网的主要技术。

3. 简述物联网、传感器网络与泛在网之间的关系。

二、填空题

物联网是通过_____、红外线传感器、全球定位系统、激光扫描器等信息传感设备，按_____，把任何物品与互联网相连接，进行信息交换和通信，以实现对物品的智能化识别、定位、跟踪、监控和管理的一种网络。

三、实践题

讨论物联网的发展及面临的挑战。

第 ② 章　物联网基本架构与标准

物联网的网络架构由感知层、网络层和应用层组成。除了技术层面研究，还需要重视物联网标准体系建设，稳步推进物联网标准的制定和推广应用，形成较为完善的物联网标准体系。

2.1　物联网的基本架构

物联网发展的关键要素包括由感知层、网络层和应用层组成的网络架构，物联网技术和标准，包括服务业和制造业在内的物联网相关产业，资源体系，隐私和安全，以及促进和规范物联网发展的法律、政策和国际治理体系。

物联网的网络架构由感知层、网络层和应用层组成。在实际应用操作中，根据物联网的技术特点，有些学者认为：物联网就是实现对周围世界"可知、可思、可控"。可知就是能够感知；可思就是具有一定智能的判断；可控就是对外界产生及时的影响。物联网的这3个特点分别对应于其结构中的感知层、网络层和应用层3个层次。

2.1.1　感知层

感知层位于物联网3层架构的最底端，是所有上层结构的基础。在这个层面上，成千上万个传感器或阅读器安放在物理实体上。例如，氧气传感器、压力传感器、光敏传感器、声音传感器等，形成一定规模的传感器网络。通过这些传感器，感知这个物理实体周围的环境信息；当上层反馈命令时，通过单片机控制、简单或者复杂的机械使物理实体完成特定命令。

感知层主要用于采集物理世界中发生的物理事件和数据，包括各类物理量、标识、音频、视频数据等。物联网数据采集涉及多种技术，主要包括传感器技术、RFID技术、二维码技术、ZigBee、蓝牙技术、多媒体信息采集、实时定位等。因此，感知层实现对物理世界的智能感知识别、信息采集处理和自动控制，并通过通信模块将物理实体连接到网络层和应用层。

1. 传感器技术

传感器技术是一种将来自自然信源的模拟信号转换为数字信号、实现信息量化的技术。传感器采集到的信息是物理世界中的物理量、化学量、生物量等，这些信息并不能被识别，所以需要转换成可供计算机处理的数字信息，如温度、压力等。

2. 自动识别技术

自动识别技术由特定的识别设备通过被识别物品与其自身之间的接近活动自动地获取物品的信息，并将信息提供给计算机系统以进行指定处理的一种技术。通过该技术，物联网能够标记和识别每个物品，并能够对数据进行实时更新。自动识别技术不仅是构建全球物品信息实时共享的重要组成部分，更是物联网的基石。

3. 定位技术

定位技术采用一定的计算方式，测量在指定坐标系中人、物体以及事件发生的位置的技术，是物联网发展和应用的主要研究领域之一。物联网中采用的定位技术主要有卫星定位、基站定位、WLAN（Wireless Local Area Networks，无线局域网络）、短距离无线测量（ZigBee、RFID）等技术。

2.1.2　网络层

网络是物联网最重要的基础设施之一。网络层负责向上层传输感知信息和向下层传输命令，利用互联网、无线宽带网、无线低速网络、移动通信网络等网络形式传递海量信息。网络层主要实现信息的传递、路由和控制。网络层可依托公共电信网和互联网，也可以依托行业专用通信资源。

物联网的发展是基于其他网络基础之上的，特别是三网融合中的"三网"（电信网、电视网、互联网），还包括通信网、卫星网、行业专网等。网络层将来自感知层的各类信息通过基础承载网络传输到应用层，网络层中的感知数据管理与处理技术是实现以数据为中心的物联网的核心技术。感知数据管理与处理技术包括物联网数据的存储、查询、分析、挖掘、理解以及基于感知数据决策和行为的技术。

因此，网络层负责传输和处理由感知层获取到的信息，主要由各种专用网络、互联网、有线和无线通信网等组成。网络层主要实现了两个端系统之间的数据透明、无障碍、高可靠性、高安全性的传送以及更加广泛的互联功能。

2.1.3　应用层

应用层位于物联网3层架构的最顶层，提供面向用户的各类应用。传统互联网经历了以数据为中心到以人为中心的转换，典型应用包括文件传输、电子邮件、电子商务、视频点播、在线游戏和社交网络等；而物联网应用以"物"或者物理世界为中心，涵盖人们现在常听到的词汇，如物品追踪、环境感知、智能物流、智能交通、智能电网等。

应用层为物联网应用提供信息处理、计算等通用基础服务设施、能力及资源调用接口，以此为基础实现物联网在众多领域的各种应用。应用层根据行业具体需求，向用户提供接口，主要包括服务支撑子层和应用领域。服务支撑子层的主要功能是根据底层采集的数据，形成与业务需求相适应、实时更新的动态数据资源库；把感知和传输来的信息进行分析和处理，作出正确的控制和决策，实现智能化的管理、应用和服务。物联网的应用层实现了跨行业、跨应用、跨系统之间的信息协同、共享和互通，达到了物联网真正的智能应用。

因此，物联网应用层利用经过分析处理的感知数据，为用户提供丰富的特定服务。物联网的应用可分为监控型（物流监控、污染监控）、查询型（智能检索、远程抄表）、控制型（智能交通、智能家居、路灯控制）、扫描型（手机钱包、高速公路不停车收费）等。应用层主要技术有M2M、云计算、人工智能、数据挖掘、SOA等。

2.2 物联网标准化

物联网自身能够打造一个巨大的产业链，在当前经济形势下对调整经济结构、转变经济增长方式具有积极意义。目前，我国物联网产业和应用还处于起步阶段，只有少量专门的应用项目，零散地分布在独立于核心网络的领域，而且多数还只是依托科研项目的示范应用。它们采用的是私有协议，尚缺乏完善的物联网标准体系，缺乏对如何采用现有技术标准的指导，在产品设计、系统集成时无统一标准可循。因此，严重制约了技术应用和产业的迅速发展。而为了实现无处不在的物联网，要实现与核心网络的融合，关键技术尚需突破。

2.2.1 物联网标准化体系

物联网标准是国际物联网技术竞争的制高点，由于物联网涉及不同专业技术领域、不同行业应用部门，因此物联网的标准既要涵盖面向不同应用的基础公共技术，也要涵盖满足行业特定需求的技术标准，即包括国家标准和行业标准。

物联网标准体系相对繁杂，从物联网总体、感知层、网络层、应用层、共性关键技术标准体系5个层次，可初步构建标准体系。

（1）物联网总体性标准

包括物联网导则、物联网总体架构、物联网业务需求等。

（2）感知层标准体系

主要涉及传感器等各类信息获取设备的电气和数据接口、感知数据模型、描述语言和数据结构的通用技术标准，RFID标签及阅读器接口协议标准，特定行业和应用相关的感知层技术标准等。

（3）网络层标准体系

主要涉及物联网网关、短距离无线通信、自组织网络、简化IPv6协议、低功耗路由、增强的M2M无线接入和核心网标准，M2M模组与平台、网络资源虚拟化标准，异构融合的网络标准等。

（4）应用层标准体系

包括应用层架构、信息智能处理技术以及行业、公众应用类标准。应用层架构重点是面向对象的服务架构，包括SOA体系架构，面向上层应用业务的流程管理、业务流程之间的通信协议，源数据标准以及SOA安全架构标准。信息智能处理类技术标准包括云计算、数据存储、数据挖掘、海量智能信息处理和呈现等。云计算技术标准重点包括开放云计算接口、云计算开放式虚拟化架构（资源管理与控制）、云计算互操作、云计算安全架构等。

（5）共性关键技术标准体系

包括标识和解析、服务质量、安全、网络管理技术标准。其中，标识和解析标准包括编码、解析、认证、加密、隐私保护、管理及多标识互通标准。安全标准重点包括安全体系架构、安全协议、支持多种网络融合的认证和加密技术、用户和应用隐私保护、虚拟化和匿名化、面向服务的自适应安全技术标准等。

2.2.2　物联网产业体系

物联网相关产业是指实现物联网功能所必需的相关产业集合，主要包括物联网制造业和物联网服务业两大范畴。

1. 物联网制造业

物联网制造业主要包括物联网设备与终端制造业、物联网感知制造产业和物联网基础支撑产业三大类。

物联网制造业以感知制造产业为主，感知端设备的高智能化与嵌入式系统息息相关，设备的高精密化离不开集成电路、嵌入式系统、新材料、微能源等基础产业支撑。部分计算机设备、网络通信设备也是物联网制造业的组成部分。

2. 物联网服务业

物联网服务业主要包括物联网网络服务业、物联网应用基础设施服务业、物联网软件开发与应用集成服务业以及物联网应用服务业四大类。

物联网应用基础设施服务主要包括云计算服务、存储服务等；物联网软件开发与应用集成服务又可细分为基础软件服务、中间件服务、应用软件服务、智能信息处理服务以及系统集成服务；物联网应用服务又可分为行业服务、公共服务和支撑性服务。

物联网产业绝大部分属于信息产业，也涉及其他产业（如智能电表等）。物联网产业的发展不是对已有信息产业的重新统计划分，而是通过应用带动形成新市场、新形态，整体上可分为3种情形。

①物联网应用对已有产业的提升：主要体现在产品的升级换代方面。例如，传感器、RFID、仪器仪表发展已数十年，由于物联网应用向智能化网络升级，从而实现产品功能、应用范围和市场规模的巨大扩展，因此传感器产业与RFID产业成为物联网感知制造产业的核心。

②因物联网应用对已有产业的横向市场拓展：主要体现在领域延伸和量的扩展。例如，服务器、软件、嵌入式系统、云计算等由于物联网应用扩展了新的市场需求，从而形成了新的增长点。

③由于物联网应用创造和衍生出的独特市场及服务。例如，传感器网络设备、M2M通信设备及服

务、物联网应用服务等均是物联网发展后才形成的新型业态，为物联网所独有。

2.2.3 物联网标准制定

1. 国际物联网标准制定现状

国际上针对不同技术领域的标准化工作早已开展。由于物联网的技术体系庞杂，所以物联网的标准化工作分散在不同的标准化组织，各有侧重。

（1）RFID

标准已经比较成熟，ISO/IEC、EPCglobal标准应用最广。

（2）传感器网络

ISO/IEC、JTC1/WG7（传感器网络工作组）负责标准化工作。

（3）架构技术

ITU-T SG13对NGN（Next Generation Network，下一代网络）环境下无所不在的泛在网需求和架构进行了研究和标准化。

（4）M2M

ETSI M2M TC（欧洲电信标准化协会M2M TC小组）开展了对M2M需求和M2M架构等方面的标准化研究制定，3GPP在M2M核心网和无线增强技术方面正开展一系列研究和标准化工作。

（5）通信和网络技术

重点由ITU、3GPP、IETF、IEEE等组织开展标准化工作。目前IEEE 802.15.4近距离无线通信标准被广泛应用，IETF标准组织也完成了简化IPv6协议应用的部分标准化工作。

（6）SOA

相关标准规范正由多个国际组织（如W3C、OASIS、WS-I、TOG、OMG等）研究制定。

2. 物联网领域的标准组织

下面介绍在物联网领域有一定影响力的标准组织。

（1）ITU-T物联网标准进展

ITU-T（国际电信联盟电信标准分局）是国际电信联盟管理下的专门制定远程通信相关国际标准的组织。由ITU-T指定的国际标准通常被称为建议（Recommendations）。因为ITU-T是ITU的一部分，而ITU是联合国下属的组织，所以由该组织提出的国际标准比其他组织提出的类似技术规范更正式一些。

ITU-T的研究内容主要集中在泛在网总体框架、标识及应用3个方面。研究工作已经从需求阶段逐渐进入框架研究阶段，目前研究的框架模型还处于高层层面。ITU-T在标识研究方面和ISO（International Organization for Standardization，国际标准化组织）通力合作，主推基于对象标识（Object Identifier，OID）的解析体系。ITU-T包含下列相关研究课题组。

①SG13组：主要从NGN角度展开泛在网相关研究，标准主导是韩国。目前标准化工作集中在基于

NGN的泛在网/泛在传感器网络需求及架构研究、支持标签应用的需求和架构研究、身份管理（Identity Management，IDM）相关研究、NGN对车载通信的支持等方面。

②SG16组：成立了专门的问题组，展开泛在网应用相关的研究，日本、韩国共同主导，内容集中在业务和应用、标识解析方面。SG16组研究的具体内容有：Q.25/16泛在感测网络（Ubiquitous Sensing Network，USN）应用和业务、Q.27/16通信/智能交通系统（Intelligent Transportation System，ITS）业务/应用的车载网关平台、Q.28/16电子健康（E-Health）应用的多媒体架构、Q.21和Q.22标识研究等。

③SG17组：成立了专门的问题组，展开泛在网安全、身份管理和解析的研究。SG17组研究的具体内容有：Q.6/17泛在通信业务安全，Q.10/17身份管理架构和机制，Q.12/17抽象语法标记（ASN.1）、OID及相关注册等。

④SG11组：成立了专门的问题组，主要研究节点标识（Node Identifier，NID）和泛在感测网络的测试架构、H.IRP测试规范以及X.oid-res测试规范。

（2）ETSI物联网标准进展

欧洲电信标准化协会（European Telecommunications Standards Institute，ETSI）是由欧共体委员会1988年批准建立的一个非营利性的电信标准化组织，总部设在法国南部的尼斯。ETSI的标准化领域主要是电信业，并涉及与其他组织合作的信息及广播技术领域。ETSI作为一个被CEN（欧洲标准化协会）和CEPT（欧洲邮电主管部门会议）认可的电信标准协会，其制定的推荐性标准常被采用作为欧洲法规的技术基础并被要求执行。

ETSI采用M2M的概念进行总体架构方面的研究，ETSI成立了一个专项小组M2M TC，从M2M的角度进行相关标准化研究。ETSI M2M TC小组的主要研究目标是从端到端的全景角度研究机器对机器通信，并与ETSI内NGN的研究及3GPP已有的研究展开协同工作。

（3）3GPP/3GPP2物联网标准进展

第三代合作伙伴计划（3rd Generation Partnership Project，3GPP）是领先的3G技术规范机构，是由欧洲的ETSI、日本的ARIB和TTC、韩国的TTA以及美国通信工业协会TIA在1998年底发起成立的，旨在研究制定并推广基于演进的GSM核心网络的3G标准，即WCDMA、TD-SCDMA、EDGE等。中国无线通信标准组（China Wireless Telecommunications Standards group，CWTS）于1999年加入3GPP。

3GPP2主要工作是制定以ANSI-41核心网为基础，CDMA 2000为无线接口的移动通信技术规范。该组织于1999年1月成立，由美国的TIA、日本的ARIB和TTC、韩国的TTA四个标准化组织发起，中国无线通信标准组（CWTS）于1999年6月在韩国正式签字加入3GPP2，成为主要负责第三代移动通信CDMA 2000技术的标准组织的伙伴。中国通信标准化协会（CCSA）成立后，CWTS在3GPP2的组织名称更改为CCSA。

3GPP和3GPP2采用M2M的概念进行研究。作为移动网络技术的主要标准组织，3GPP和3GPP2关注的重点在于物联网网络能力增强方面。3GPP针对M2M的研究主要从移动网络出发，研究M2M应用对网络的影响，包括网络优化技术等。3GPP研究范围为：只讨论移动网络的M2M通信，只定义M2M业务，不具体定义特殊的M2M应用。

（4）IEEE物联网标准进展

在物联网的感知层研究领域，IEEE（Institute of Electrical and Electronics Engineers，电气和电子工程师协会）的重要地位显然是毫无争议的。目前，无线传感器网络领域用得比较多的ZigBee技术就基于IEEE 802.15.4标准。

IEEE 802系列标准是IEEE 802 LAN/MAN标准委员会制定的局域网、城域网技术标准。1998年，IEEE 802.15工作组成立，专门从事无线个人局域网（Wireless Personal Area Network Communication Technologies，WPAN）标准化工作。在IEEE 802.15工作组内有5个任务组，分别制定适合不同应用的标准。这些标准在传输速率、功耗和支持的服务等方面存在差异，见表2.1。

表2.1　IEEE 802.15工作组内的5个任务组的研究内容

任务组	标准名称	研究内容	适用范围
TG1	IEEE 802.15.1	蓝牙无线通信标准	适用于手机、PDA等设备的中等速率、短距离通信
TG2	IEEE 802.15.2	IEEE 802.15.1标准与IEEE 802.11标准的共存	—
TG3	IEEE 802.15.3	超宽带（UWB）标准	适用于个人局域网中多媒体方面高速率、近距离通信的应用
TG4	IEEE 802.15.4	低速无线个人局域网（WPAN）	把低能量消耗、低速率传输、低成本作为重点目标，旨在为个人或者家庭范围内不同设备之间的低速互联提供统一标准
TG5	IEEE 802.15.5	低速无线个人局域网（WPAN）的无线网格网络组网	提供无线网格网络组网的WPAN的物理层与MAC层的必要机制

传感器网络的特征与低速无线个人网络有很多相似之处，因此传感器网络大多采用IEEE 802.15.4标准用于物理层和介质访问控制（Media Access Control，MAC）层，其中最为著名的就是ZigBee。因此，IEEE 802.15工作组也是目前物联网领域在无线传感器网络层面的主要标准组织之一。

3. 我国物联网标准制定

物联网中国国家标准的制定主要由中国物联网标准联合工作组进行统筹组织。该联合工作组包含我国11个部委及下属的19个标准工作组，其中电子标签标准工作组和传感器网络标准工作组（WGSN）是中国物联网标准研制的核心力量。此外，中国通信标准化协会（CCSA）泛在网技术工作委员会（TC10）、中国RFID产业联盟等一批产业联盟和协会，也积极开展联盟标准的研制工作，推进联盟标准向行业标准、国家标准转换。

传感器网络标准工作组是由中国国家标准化管理委员会批准筹建，中国信息技术标准化技术委员会批准成立并领导，从事传感器网络标准化工作的全国性技术组织。WGSN于2009年9月正式成立，由中国科学院上海微系统与信息技术研究所任组长单位，中国电子技术标准化研究所任秘书处单位，成员单位包括中国三大运营商、主要科研院校、主流设备厂商等。目前WGSN已有一些标准正在制定中，并代表我国积极参加ISO、IEEE等国际标准组织的标准制定工作。

中国通信标准化协会于2002年12月18日在北京正式成立。CCSA的主要任务是为了更好地开展通信标准研究工作，把通信运营企业、制造企业、研究单位、大学等关心标准的企事业单位组织起来，按照公平、公正、公开的原则制定标准，进行标准的协调、把关，把高技术、高水平、高质量的标准推荐给政府，把具有中国自主知识产权的标准推向世界，支撑中国的通信产业，为世界通信作出贡献。2009年11月，CCSA新成立了泛在网技术工作委员会（即TC10），专门从事物联网相关的研究工作。

2.3　物联网应用

2.3.1　物联网应用系统模型

物联网应用涉及国民经济和人类社会的方方面面。典型应用如车联网、智能家居、智能监控、智能物流、智能穿戴、智慧医疗和智慧能源等。通过对各应用系统业务流程及实现原理进行分析，总结物联网应用模型如图2.1所示。基于模型分析可知，物联网安全风险主要也集中在服务端、终端、通信网络3个方面。

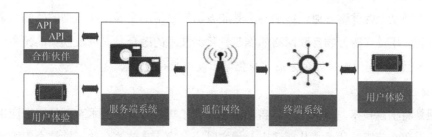

图2.1　物联网应用系统模型

上述模型主要包括3部分：服务端系统、终端系统和通信网络。

1. 服务端系统

服务端系统的主要功能是从物联网终端系统收集数据信息存储至服务器中，并通过业务功能模块处理后，将处理结果通过不同的业务接口反馈给用户界面显示，用户可以从API（Application Programming Interface，应用程序接口）或UI（User Interface，用户界面）获得数据结果。

2. 终端系统

终端系统主要包括低复杂性设备、复杂设备和网关，它们通过有线及无线网络将物理世界和互联网彼此相连。常见的终端系统设备包括：运动传感器、数字门锁、车联网系统、工业控制传感器等。

终端系统从周围真实物理环境中收集数据，并将数据格式化后通过蜂窝或非蜂窝网络传送至服务端系统，并在接收到服务端系统反馈时将信息显示给用户。

3. 通信网络

通信网络主要包括有线和无线通信网，负责连接服务端和终端系统，并为其间数据传送提供通道（电信网、互联网、卫星通信等），同时也承担终端设备与用户之间的信息交互（蓝牙、Wi-Fi、近场通信等）。

2.3.2 物联网的应用领域

目前，物联网应用已渗透诸多领域，如智慧城市、智能交通、智能电网和智能家居等。

1. 智慧城市

智慧城市是指利用各种信息技术或创新理念，集成城市的功能系统和服务，以提升资源运用的效率，优化城市管理和服务，改善市民生活质量。智慧城市把新一代信息技术充分运用在城市中，实现信息化、工业化与城市化深度融合，实现精细化和动态管理，提升城市管理效率和改善市民生活质量。

目前在国际上被广泛认同的定义是，智慧城市是新一代信息技术发展、知识社会创新环境下的城市信息化向更高阶段发展的表现。智慧城市注重的不仅仅是物联网、云计算等新一代信息技术的应用，更重要的是通过面向知识社会的创新应用，构建用户创新、开放创新、大众创新、协同创新为特征的城市可持续创新生态。

智慧城市通过物联网基础设施、云计算基础设施、地理空间基础设施等新一代信息技术以及维基、社交网络、网动全媒体融合通信终端等工具和方法的应用，实现全面透彻的感知、宽带泛在的互联、智能融合的应用。伴随万物互联网络的崛起、移动技术的融合发展以及创新的民主化进程，知识社会环境下的智慧城市是继数字城市之后信息化城市发展的高级形态。

2. 智能交通

智能交通是将信息技术、通信技术、自动控制、人工智能等先进技术有效地综合应用于整个交通运输的组织管理和经营服务体系，从而建立一种实时、准确、高效的交通运输综合组织管理和运营服务系统。它帮助出行者实时了解交通环境，并据此推荐合理的出行方式；营造良好的交通管制，通过引导车辆行驶消除道路拥堵等交通隐患；利用自动驾驶技术，提高行车安全，节省行驶时间。

2018年5月20日起，广深城际铁路全线各站（广州站至深圳站）率先实行乘车银联闪付进站，这在全国铁路尚属首例，也是粤港澳大湾区"智慧交通"建设在铁路行业的创新尝试。旅客"刷手机"闪付后，手机上随即可收到一条有乘车时间、车次、座位等信息的短信，同时，旅客也可通过下载注册"云闪付"App自行查询席位信息。整个"刷手机"进站过程仅仅花费3~5 s，大大提高了旅客的出行效率。

3. 智能电网

智能电网就是电网的智能化，是建立在集成的、高速双向通信网络的基础上，通过先进的传感和测量技术、先进的设备技术、先进的控制方法以及先进的决策支持系统技术的应用，实现电网的可靠、安全、经济、高效、环境友好和使用安全的目标。其主要特征包括自愈、激励、抵御攻击，提供满足21世纪用户需求的电能质量、容许各种不同发电形式的接入、启动电力市场以及资产的优化高效运行。

4．智能家居

智能家居通过物联网技术将家中的各种设备（如音视频设备、照明系统、窗帘控制、空调控制、安防系统、数字影院系统、影音服务器、网络家电等）连接到一起，提供家电控制、照明控制、电话远程控制、室内外遥控、防盗报警、环境监测、暖通控制、红外转发以及可编程定时控制等多种功能和手段。与普通家居相比，智能家居不仅具有传统的居住功能，兼备建筑、网络通信、信息家电、设备自动化，提供全方位的信息交互功能，甚至为各种能源费用节约资金。

2018年5月23日，阿里云推出了全新阿里云Link生活物联网平台2.0，支持亿级设备全球接入、提供多语言语音人工智能交互；2018年海尔集团与无锡高新区举行了重大战略合作项目签约，标志着海尔集团物联生态网基地正式落户江苏无锡。

5．气象服务

2018年5月高德地图与中国气象局公共气象服务中心达成战略合作，双方将在气象预警、大数据共享等方面展开深度合作。在接入了中国气象局权威和精细化的气象数据之后，高德地图可为用户提供基于位置和出行全周期的智慧气象服务。在全国主汛期来临之前，双方还合作推出了积水地图人工智能版，借助大数据、人工智能等科技手段，在出现恶劣天气时可实时预测城市道路积水点，并对受影响的民众进行及时提醒和出行调度，保护民众在汛期安全出行，减少不必要的伤害与损失。

6．智能芯片

5月17日，2018年世界电信和信息社会日大会的主题是"推动人工智能的正当使用，造福全人类"。人工智能是信息化发展的新阶段，是新一轮科技革命和产业变革的前沿领域，未来我国将在强感知计算、机器学习、类脑计算等前沿领域研发攻关。支持核心技术突破，围绕具有全局影响力、带动性强的关键环节，重点突破智能芯片、传感器、核心算法等方向，提升我国软硬件技术水平。

7．智慧政采

2018年京东与用友联合举办"科技政能量"智慧政采解决方案发布会，双方发布业内首个贯通"互联网+政府采购"全业务、全流程的政府采购服务平台。"智慧政采"平台是利用云计算、大数据、电商平台技术、财务管理技术等，将事前预算编制、计划备案，事中线上采购，事后履约验收，以及国库支付等环节进行全流程数据打通，并通过技术手段嵌入物流、金融等基础设施服务模块，实现中国政府采购全流程电子化。

小　结

本章主要介绍了物联网的基本架构、物联网标准化和物联网的应用，对物联网的体系架构从感知层、网络层、应用层分别进行介绍。

习　题

一、简答题

1. 简述物联网的基本架构及各层次的功能。

2. 简述物联网应用系统模型。

二、填空题

物联网的三层体系结构分为_____、_____和_____。

三、实践题

讨论物联网的应用场景。

第 ③ 章　传感技术概述

传感技术是物联网的关键技术之一。物联网的端部就是各种传感器。传感器是一种检测装置，是实现自动检测和自动控制的重要环节，无线传感网络是传感器的重要应用。

3.1　传感器技术

传感器和无线传感器网络是物联网的基石。在物联网的感知层中，信息的获取与数据的采集主要采用传感器技术和自动识别技术。传感器和无线传感器网络实现了数据的采集、处理和传输3种功能。

传感器技术和自动识别技术完全不同，它涉及物理学、化学、生物学、材料科学、电子学及通信与网络技术等多学科交叉的高新技术。是能感受被测量的敏感元件或转换元件，按照一定的规律，将人类无法直接获取或识别的信息转换成可识别的信息数据的技术。

传感器技术、计算机技术和通信技术并称为信息技术的三大支柱，构成了信息系统的"感官""神经""大脑"，分别用于完成信息的采集、传输和处理。人们为了从外界获取信息，必须借助于感觉器官，在物联网全面感知方面，传感器是最主要的部件。

传感器是人类感觉器官的延长。传感器是整个物联网中需求量最大和最为基础的环节之一。不仅可以单独使用，还可以由大量传感器、数据处理单元和通信单元的微小节点构成无线传感器网络。

3.1.1　传感器的概念

国家标准GB/T 7665—2005《传感器通用术语》中对传感器的定义为：能感受规定的被测量并按照一定的规律转换成可用信号的器件或装置。

《韦式大词典》中对传感器的定义为：从一个系统接收功率，通常以另一种形式将功率送到第二个系统中的器件。

一般来讲，传感器是一种检测装置，能感受被测量的信息，并能将感受到的信息按一定规律转换成可用信号输出，以满足信息的传输、处理、存储、显示、记录和控制等要求，是实现自动检测和自动控制的首要环节。这里所谓的"可用信号"是指方便处理、传输的信号，一般为电信号，如电压、电流、电阻、电容、频率等。

传感器的共同特点是利用各种物理、化学、生物效应等实现对被检测量的测量。可见，在传感器中包含着两个必不可少的概念：一是检测信号；二是能把检测的信息转换成一种与被测量有确定函数关系的方便传输和处理的量。

3.1.2 传感器的组成

通常，传感器由敏感元件（Sensitive Element）、转换元件（Transduction Element）和转换电路（Conversion Circuit）等组成。但是由于传感器的输出信号一般都很微弱，需要有转换电路将其放大或转换为容易传输、处理、记录和显示的形式。随着半导体器件和集成技术在传感器中的应用，传感器的转换电路可以安装在传感器的壳体中或与敏感元件集成在一个芯片上。因此，转换电路和辅助电源也应作为传感器的组成部分，如图3.1所示。

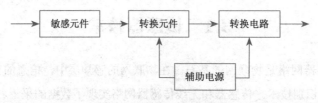

图3.1　传感器的组成框图

在图3.1中：①敏感元件是直接感受被测量，并输出与被测量成一定关系的其他物理量的元件，如弹性敏感元件将力转换为位移或应变输出。②转换元件又称换能元件，是将敏感元件的输出量转换成电参量的元件。例如，将非电物理量（如位移、应变、光强）转换成电量参数（如电阻、电感、电容）等。有些传感器的敏感元件和转换元件合二为一。③转换电路将转换元件输出的电参量转换成电压、电流或频率等电量，常见的转换电路有放大器、电桥、振荡器、电荷放大器等，分别与相应的传感器相配合。④辅助电源为转换元件和转换电路提供电源。

3.1.3 传感器的分类

传感器的品种丰富、原理各异，检测对象几乎涉及各种参数，通常一种传感器可以检测多种参数，一种参数又可以用多种传感器测量。下面是几种常见的传感器分类方法。

1. 按输入量（即测量对象）的不同分类

如输入量分别为温度、压力、位移、速度、湿度、光线、气体等非电量时，则相应的传感器称为温度传感器、压力传感器、称重传感器等。

这种分类方法明确地说明了传感器的用途，给使用者提供了方便，容易根据测量对象选择所需要的传感器。缺点是这种分类方法是将原理互不相同的传感器归为一类，很难找出每种传感器在转换机理上有何共性和差异。因此，对掌握传感器的一些基本原理及分析方法是不利的。因为同一种形式的传感器（如压电式传感器）可以用来测量机械振动中的加速度、速度和振幅等，也可以用来测量冲击和力，但其工作原理是一样的。

这种分类方法把种类最多的物理量分为基本物理量和派生物理量两大类。例如，力可视为基本物理量，从力可派生出压力、重力、应力、力矩等派生物理量。当需要测量上述物理量时，只要采用力传感器即可。所以，了解基本物理量和派生物理量的关系，对于系统使用何种传感器很有帮助。

2．按工作（检测）原理分类

检测原理指传感器工作时所依据的物理效应、化学效应和生物效应等机理。有电阻式、电容式、电感式、压电式、电磁式、磁阻式、光电式、压阻式、热电式、核辐射式、半导体式传感器等。

如根据变电阻原理，相应的有电位器式、应变片式、压阻式等传感器；根据电磁感应原理，相应的有电感式、差压变送器、电涡流式、电磁式、磁阻式等传感器；根据半导体有关理论，则相应的有半导体力敏、热敏、光敏、气敏、磁敏等固态传感器。

这种分类方法的优点是便于传感器专业人员从原理与设计上进行归纳、分析研究；缺点是用户选用传感器时会感到不方便。

3．按传感器的结构参数分类

（1）物性型传感器

在实现信号的变换过程中，结构参数基本不变，而是利用某些物质材料本身的物理或化学性质的变化而实现信号变换。

这种传感器一般没有可动结构部分，易小型化，故又称固态传感器，是以半导体、电介质、铁电体等作为敏感材料的固态器件。如热电偶、压电石英晶体、热电阻及各种半导体传感器（如力敏、热敏、湿敏、气敏、光敏元件等）。

（2）结构型传感器

依靠传感器机械结构的几何形状或尺寸的变化而将外界被测参数转换成相应的电阻、电感、电容等物理量的变化，实现信号变换，从而检测出被测信号。例如，电容式、电感式、应变片式、电位差计式等。

4．按敏感元件与被测对象之间的能量关系分类

（1）能量转换型传感器

在进行信号转换时不需要另外提供能量，直接由被测对象输入能量，把输入信号能量变换为另一种形式的能量输出使其工作。有源传感器类似一台微型发电机，能将输入的非电能量转换成电能输出，传感器本身无须外加电源，信号能量直接从被测对象取得。例如，压电式、压磁式、电磁式、电动式、热电偶、光电池、霍尔元件、磁致伸缩式、电致伸缩式、静电式等传感器。这类传感器中，有一部分能量的变换是可逆的，也可将电能转换为机械能或其他非电量（如压电式、压磁式、电动式传感器等）。

（2）能量控制型传感器

在进行信号转换时，需要先供给能量，即从外部供给辅助能源使传感器工作，并且由被测量来控制外部供给能量的变化等。对于无源传感器，被测非电量只是对传感器中的能量起控制或调制作用，需通过测量电路将其变为电压或电流量，然后进行转换、放大，以推动指示或记录仪表。配用测量电路通常是电桥电路或谐振电路。例如，电阻式、电容式、电感式、差动变压器式、涡流式、热敏电阻、光电管、光敏电阻等。

5. 按输出信号的性质分类

（1）模拟式传感器

将被测非电量转换成连续变化的电压或电流，如要求配合数字显示器或数字计算机，需要配备模/数（A/D）转换装置。

（2）数字式传感器

能直接将非电量转换为数字量，可以直接用于数字显示和计算，可直接配合计算机。目前这类传感器可分为脉冲、频率和数码输出三类。例如，光栅传感器等。

6. 按传感器与被测对象的关联方式分类

（1）接触式传感器

接触式传感器的优点是传感器与被测对象视为一体，传感器的标定无须在现场进行。缺点是传感器与被测对象接触会对被测对象的状态或特性产生或多或少的影响。例如，电位差计式、应变式、电容式、电感式等。

（2）非接触式传感器

非接触式传感器测量可以消除传感器介入而使被测量受到的影响，提高测量的准确性。同时，可使传感器的使用寿命增加。但是非接触式传感器的输出会受到被测对象与传感器之间介质或环境的影响。因此，传感器标定必须在现场进行。

7. 按传感器构成分类

①基本型传感器：是一种最基本的单个变换装置。

②组合型传感器：是由不同单个变换装置组合而构成的传感器。

③应用型传感器：是基本型传感器或组合型传感器与其他装置组合而构成的传感器。

例如，热电偶是基本型传感器，把它与红外线辐射转换为热量的热吸收体组合成红外线辐射传感器，即一种组合传感器；把这种组合传感器应用于红外线扫描设备中，就是一种应用型传感器。

8. 按作用形式分类

（1）主动型传感器

主动型传感器又有作用型和反作用型，此种传感器对被测对象能发出一定探测信号，能检测探测信号在被测对象中所产生的变化，或者由探测信号在被测对象中产生某种效应而形成信号。检测探测信号变化方式的称为作用型，检测产生响应而形成信号方式的称为反作用型。雷达与无线电频率范围探测器是作用型的实例，而光声效应分析装置与激光分析器是反作用型的实例。

（2）被动型传感器

只是接收被测对象本身产生的信号。例如，红外辐射温度计、红外摄像装置等。

9．按传感器的特殊性分类

上面介绍的分类是传感器的基本类型，按特殊性可进行以下分类。

①按检测功能分类，可分为检测温度、压力、湿度、流量、流速、加速度、磁场、光通量等传感器。

②按传感器工作的物理基础分类，可分为机械式、电气式、光学式、液体式等传感器。

③按转换现象的范围分类，可分为化学传感器、电磁学传感器、力学传感器和光学传感器等。

④按能量关系分类，可分为有源传感器和无源传感器两大类。

⑤按应用领域分类，可分为工业、民用、科研、医疗、农用、军用等传感器。

⑥按制造传感器的材料分类，可分为半导体传感器、陶瓷传感器、光纤传感器和金属传感器等。

⑦按照工作原理分类，可分为电阻式、电容式、电感式、光电式、光栅式、热电式、压电式、红外、光纤、超声波、激光等传感器。

3.1.4　常用传感器

1．温度传感器

温度传感器（Temperature Transducer）是指能感受温度并转换成可用输出信号的传感器，利用热敏元件的参数随温度变化而变化的特性达到测量温度的目的。

用来度量物体温度数值的标尺称为温标，规定了温度的读数起点和测量温度的基本单位。目前，国际上用得较多的温标有华氏温标、摄氏温标、热力学温标和国际实用温标。温度传感器是温度测量仪表的核心部分，品种繁多。按敏感元件与被测介质接触与否，分为接触式和非接触式两大类；按照传感器材料及电子元件特性分为热电阻、热敏电阻和热电偶三类。

2．光纤传感器

光纤传感器技术是随着光纤实用化和光通信技术的发展而形成的一门技术。光纤传感器与传统的各类传感器相比有许多特点。例如，灵敏度高、抗电磁干扰能力强、耐腐蚀、绝缘性好、结构简单、体积小、耗电少、光路有可挠曲性及便于实现遥测等。

光纤传感器一般分为两大类：一类是利用光纤本身的某种敏感特性或功能制成的传感器，称为功能型传感器；另一类是光纤仅仅起传输光波的作用，必须在光纤端面或中间加装其他敏感元件才能构成传感器，称为传光型传感器。无论哪种传感器，其工作原理都是利用被测量的变化调制传输光的光波某一参数，使其随之变化，然后对已调制的光信号进行检测，从而得到被测量。

光纤传感器可以测量多种物理量。目前已经实用的光纤传感器可测量的物理量达70多种，具有广阔的发展前景。

3. 红外传感器

红外传感器是将辐射能转换为电能的一种传感器，又称红外探测器。常见的红外探测器有两大类，即热探测器和光子探测器。

热探测器是利用人体发射红外辐射引起探测器的敏感元件温度变化，进而使有关物理参数发生相应的变化，通过测量有关物理参数的变化确定红外探测器吸收的红外辐射。主要优点是响应波段宽，可在室温下工作，使用方便。缺点是热探测器响应时间长，灵敏度较低，一般用于红外辐射变化缓慢的场合。例如，光谱仪、测温仪、红外摄像等。

光子探测器是利用某些半导体材料在红外辐射照射下，产生光子效应，使材料的电学性质发生变化，通过测量电学性质的变化，确定红外辐射的强弱。主要优点是灵敏度高、响应速度快、频率高。缺点是需在低温下工作，探测波段较窄，一般用于测温仪、航空扫描仪、热像仪等。

红外传感器广泛用于测温、成像、成分分析、无损检测等方面，特别是在军事上的应用更为广泛。例如，红外侦察、红外雷达、红外通信、红外对抗等。

4. 气敏传感器

气敏传感器是指能将被测气体浓度转换为与其成一定关系的电量输出的装置。性能满足下列条件。

① 能够检测易爆炸气体的允许浓度、有害气体的允许浓度和其他基准设定浓度，并能及时给出报警、显示与控制信号。

② 对被测气体以外的共存气体或物质不敏感。

③ 长期稳定性好、重复性好。

④ 动态特性好、响应迅速。

⑤ 使用、维护方便，价格便宜。

5. 生物传感器

生物传感器是利用生物或生物物质做成的、用以检测与识别生物体内的化学成分的传感器。生物或生物物质是指酶、微生物、抗体等，被测物质经扩散作用进入生物敏感膜，发生生物学反应（物理、化学反应），通过变换器将其转换成可定量、可传输、可处理的电信号。按照所用生物活性物质的不同，生物传感器包括酶传感器、微生物传感器、免疫传感器、生物组织传感器等。

酶传感器具有灵敏度高、选择性好等优点，目前已实用化的商品达200种以上，但由于酶的提炼工序复杂，故造价高，性能不太稳定。微生物传感器与酶传感器相比，价格便宜，性能稳定，缺点是响应时间较长，选择性差。目前，微生物传感器已成功应用于环境监测和医学中。例如，测定水污染程度、诊断尿毒症和糖尿病等。免疫传感器的基本原理是免疫反应，目前已研制成功的免疫传感器有几十种。生物组织传感器制作简便，工作寿命长，在许多情况下可取代酶传感器，但在实用中还存在选择性差、动植物材料不易保存等问题。半导体生物传感器是将半导体技术与生物技术相结合的产物，为生物传感器的多功能化、小型化、微型化提供了重要途径。

6. 机器人传感器

机器人传感器是一种能将机器人目标物特性（或参量）转换为电量输出的装置。机器人通过传感器实现类似于人类的知觉作用。机器人传感器是机器人研究中必不可缺的重要课题，需要有更多的、性能更好的、功能更强的、集成度更高的传感器推动机器人的发展。机器人传感器分为内部检测传感器和外界检测传感器两大类。

内部检测传感器是在机器人中用来感知它自己的状态，以调整和控制机器人自身行动的传感器。通常由位置、加速度、速度等传感器组成；外界检测传感器是机器人用以感受周围环境、目标物的状态特征信息的传感器，从而使机器人对环境有自校正和自适应能力。外界检测传感器通常包括触觉、视觉、听觉、嗅觉、味觉等传感器。

7. 智能传感器

智能传感器是具有信息处理功能的传感器。智能传感器带有微处理器，具有采集、处理、交换信息的能力，是传感器集成化与微处理器相结合的产物。与一般传感器相比，智能传感器具有以下3个优点：通过软件技术可实现高精度的信息采集，而且成本低；具有一定的编程自动化能力；功能多样化。

智能传感器系统是一门现代综合技术，至今还没有形成规范化的定义。关于智能传感器的中、英文称谓尚未完全统一。英国人将智能传感器称为Intelligent Sensor；美国人则习惯于把智能传感器称为Smart Sensor，直译就是"灵巧的、聪明的传感器"。

智能传感器的制造基础是微机械加工技术，将硅进行机械、化学、焊接加工，再采用不同的封装技术进行封装。一般具有实时性很强的功能，尤其动态测量时常要求在几微秒内完成数据采集、计算、处理和输出。智能传感器的软件主要有五大类，包括标度换算、数字调零、非线性补偿、温度补偿、数字滤波技术等。

目前，智能传感器系统本身都是数字式的，但其通信规定仍采用4～20 mA的标准模拟信号。国际上有关标准化研究机构正在积极推出国际规格的数字标准（现场总线）。现在的过渡阶段采用了HART（Highway Addressable Remote Transducer，寻址远程传感器数据线）协议。

3.2 无线传感器网络技术

3.2.1 无线传感器网络的定义

无线传感器网络（Wireless Sensor Network，WSN）是由大量的静止或移动的传感器以自组织和多跳的方式构成的无线网络，随着微机电系统（Micro-Electro-Mechanical System，MEMS）、片上系统（System on Chip，SoC）、无线通信和低功耗嵌入式技术的飞速发展而出现的一种新的信息获取和处理模式。

无线传感器网络的目的是以协作方式感知、采集、处理和传输在网络覆盖区域内被感知对象的信息，并把这些信息发送给用户。无线传感器网络的任务是利用传感器节点监测节点周围的环境，收集相关数据，然后通过无线收发装置采用多跳的方式将数据发送到汇聚节点，再通过汇聚节点将数据传送到用户端，从而达到对目标区域的监测。

无线传感器网络具有众多类型传感器，可探测包括地震、电磁、温度、湿度、噪声、光强度、压力、土壤成分、移动物体的大小、速度和方向等周边环境中多种多样的现象，广泛应用在军事、航空、防爆、救灾、环境、医疗、保健、家居、工业、商业等领域。

3.2.2　无线传感器网络的标准

1. IEEE 802.15.4

IEEE 802.15.4属于物理层和MAC层标准，由于IEEE组织在无线领域的影响力，以及TI（得州仪器公司）、ST（意法半导体公司）等著名芯片厂商的推动，已成为无线传感器网络的事实标准。

2. ZigBee

ZigBee该标准在IEEE 802.15.4之上，重点制定网络层、安全层、应用层的标准规范，先后推出了ZigBee 2004、ZigBee 2006、ZigBee 2007/PRO等版本。此外，ZigBee联盟还制定了针对具体行业应用的规范。例如，智能家居、智能电网、消费类电子等领域，旨在实现统一的标准，使不同厂家生产的设备相互之间能够通信。

3. ISA 100.11a

ISA 100.11a是国际自动化协会ISA下属的工业无线委员会ISA 100发起的工业无线标准。

4. Wireless HART

HART是可寻址远程传感器高速通道的开放通信协议，是美国罗斯蒙特公司于1985年推出的一种用于现场智能仪表和控制设备之间的通信协议，是智能仪器通信的全球标准，其最新版本为7.0。无线HART是专门为过程测量和控制应用而设计的第一个开放的无线通信标准，作为HART7规范的一部分于2007年9月正式发布。是一种安全的基于TDMA（时分多址）的无线网格网络技术，工作于2.4 GHz的ISM频段，采用直接序列扩频技术（DSSS）和信道跳频技术。

3.2.3　无线传感器网络的体系结构

无线传感器网络的体系结构是指传感器网络的节点布置与通信结构。无线传感器网络主要包括4类基本实体对象：目标、传感器节点、汇聚节点和管理节点。但对于整个系统来说，还需定义与外部网络连接的网关、外部传输网络、基站、外部数据处理网络、远程任务管理单元和用户等。

在网络中，大量的传感器节点随机部署在目标的邻近区域，通过自组织方式构成网络，形成对目标的监测区域。传感器节点对目标进行检测，获取的数据经本地简单处理后，再通过邻近传感器节点采用多跳的方式传输到汇聚节点，该节点同时又是网络与外部网络通信的网关节点。网关节点通过一个单跳链接或一系列无线网络节点组成的传输网络，把数据从监测区域发送到提供远程连接和数据处理的基站，基站再通过外部网络传输到远程数据库。最后，利用应用软件对采集到的数据进行分析处理，通过各种显示方式提供给终端用户。用户和远程任务管理单元也可以通过外部网络，与汇聚节点进行交互，汇聚节点可向传感器节点发布查询请求和控制指令，并接收传感器节点返回的目标信息。

（1）传感器节点

传感器节点的处理能力、存储能力和通信能力相对较弱，通过小容量电池供电。从网络功能上看，每个传感器节点除了进行本地信息收集和数据处理，还要对其他节点转发来的数据进行存储、管理和融合，并与其他节点协作完成一些特定任务。

（2）汇聚节点

当节点作为汇聚节点时，其主要功能是连接传感器网络与外部网络（如互联网），实现两种协议栈之间的通信协议转换，发布管理节点的监测任务，将传感器节点采集到的数据通过互联网或卫星发送给用户。

汇聚节点的处理能力、存储能力和通信能力相对较强，是连接传感器网络与互联网等外部网络的网关，实现两种协议间的转换，同时向传感器节点发布来自管理节点的监测任务，并把无线传感器网络收集到的数据转发到外部网络上。

（3）管理节点

管理节点用于动态地管理整个无线传感器网络。传感器网络的所有者通过管理节点访问无线传感器网络的资源。

3.2.4　无线传感器网络的特征

1. 大规模网络

为了获取精确信息，在监测区域通常部署大量传感器节点，可达到成千上万，甚至更多。传感器网络的大规模性包括两方面的含义：一方面是传感器节点分布在很大的地理区域内；另一方面，传感器节点部署很密集，在面积较小的空间内，密集部署了大量的传感器节点。

2. 自组织网络

在传感器网络应用中，通常情况下传感器节点被放置在没有基础结构的地方。传感器节点的位置不能预先精确设定，节点之间的相互邻居关系预先也不知道，这样就要求传感器节点具有自组织的能力，能够自动进行配置和管理，通过拓扑控制机制和网络协议自动形成转发监测数据的多跳无线网络系统。

3. 动态性网络

传感器网络的拓扑结构可能因为下列因素而改变。

①环境因素或电能耗尽造成的传感器节点故障或失效。

②环境条件变化可能造成无线通信链路带宽变化，甚至时断时通。

③传感器网络的传感器、感知对象和观察者这三要素都可能具有移动性。

④新节点的加入要求传感器网络系统要能够适应这种变化，具有动态的系统可重构性。

4．可靠的网络

无线传感器网络特别适合部署在恶劣环境或人类不宜到达的区域，节点可能工作在露天环境中，遭受日晒、风吹、雨淋，甚至遭到人或动物的破坏。传感器节点往往采用随机部署，例如，通过飞机撒播或发射炮弹到指定区域进行部署。这些都要求传感器节点非常坚固，不易损坏，适应各种恶劣环境条件。

5．应用相关的网络

传感器网络用来感知客观物理世界，获取物理世界的信息量。不同的传感器网络应用关注不同的物理量，对传感器的应用系统也有多种多样的要求。

不同的应用对传感器网络的要求不同，其硬件平台、软件系统和网络协议必然会有很大差别。所以，传感器网络不能像互联网一样，有统一的通信协议平台。针对每个具体应用来研究传感器网络技术，这是传感器网络设计不同于传统网络的显著特征。

6．以数据为中心的网络

传感器网络是任务型的网络，脱离传感器网络谈论传感器节点没有任何意义。传感器网络中的节点采用节点编号标识，节点编号是否需要全网唯一取决于网络通信协议的设计。由于传感器节点随机部署，构成的传感器网络与节点编号之间的关系是完全动态的，表现为节点编号与节点位置没有必然联系。用户使用传感器网络查询事件时，直接将所关心的事件通告给网络，而不是通告给某个确定编号的节点。网络在获得指定事件的信息后汇报给用户。这种以数据本身作为查询或传输线索的思想更接近于自然语言交流的习惯。所以，通常说传感器网络是一个以数据为中心的网络。

3.2.5　无线传感器网络的协议栈

无线传感器网络的协议栈包括物理层、数据链路层、网络层、传输层和应用层，还包括能量管理、移动管理和任务管理等平台。这些管理平台使得传感器节点能够按照能源高效的方式协同工作，在节点移动的传感器网络中转发数据，并支持多任务和资源共享。

1．物理层

物理层负责数据传输的介质规范，规定了工作频段、工作温度、数据调制、信道编码、定时、同步等标准。为了确保能量的有效利用，保持网络生存时间的平滑性能，物理层与MAC层应密切关联使用。在物理层面上，无线传感器网络遵循的主要是IEEE 802.15.4标准。

2．数据链路层

用于解决信道的多路传输问题。数据链路层的工作集中在数据流的多路技术、数据帧的监测、介质的访问和差错校验，保证了无线传感器网络中点到点或一点到多点的可靠连接。

3．网络层

大量的传感器节点散布在监测区域中，需要设计一套路由协议，提供采集数据的传感器节点和基站节点之间的通信使用。网络层具有确定最佳路径和通过网络传输信息两个基本功能。

4. 传输层

传输层用于维护传感器网络中的数据流，保证通信服务质量。传输层将无线传感器网络内部以数据为基础的寻址方式转换为外部网络的寻址方式，完成数据格式的转换。当传感器网络需要与其他类型的网络连接（如基站节点与任务管理节点之间的连接），就可以采用TCP（Transmission Control Protocol，传输控制协议）或UDP（User Datagram Protocol，用户数据报协议）。

5. 应用层

根据应用的具体要求不同，不同的应用程序可以添加到应用层中，包括一系列基于监测任务的应用软件。

3.2.6 无线传感器网络关键技术

无线传感器网络作为一种全新的信息获取和处理技术，在目标跟踪、入侵监测及一些定位相关领域有广泛的应用前景。同时，无线传感器网络中的节点一般都是随机放置在需要探测的区域，很多获取的监测信息需要附带相应的位置信息，否则，这些数据就是不确切的，没有采集的意义。所以，定位技术是无线传感器网络中一项关键技术。

1. 定位的概念

定位是指自组织的网络通过特定方法提供节点的位置信息。这种自组织网络定位分为节点自身定位和目标定位。节点自身定位是确定网络节点的坐标位置。目标定位是确定网络覆盖区域内一个事件或者一个目标的坐标位置。

2. 定位方法的相关术语

①锚节点（Anchors）。又称信标节点、灯塔节点等，可通过某种手段自主获取自身位置的节点。

②普通节点（Normal Nodes）。又称未知节点或待定位节点，预先不知道自身位置，需使用锚节点的位置信息并运用一定的算法得到估计位置的节点。

③邻居节点（Neighbor Nodes）。传感器节点通信半径以内的其他节点。

④跳数（Hop Count）。两节点间的跳段总数。

⑤跳段距离（Hop Distance）。两节点之间的每一跳距离之和。

⑥连通度（Connectivity）。一个节点拥有的邻居节点的数目。

⑦基础设施（Infrastructure）。协助节点定位且已知自身位置的固定设备。如卫星基站、全球定位系统（Global Positioning System，GPS）等。

3. 定位性能评价标准

无线传感器网络定位性能的评价标准主要有定位精度、覆盖范围、锚节点密度、节点密度、容错性和自适应性以及功耗位置精度指标，此外还有刷新速度、功耗和定位实时性等指标。

①定位精度。这是定位系统最重要的指标，精度越高，则技术要求越严，成本也越高。定位精

度指提供的位置信息的精确程度，分为相对精度和绝对精度。绝对精度是测量的坐标与真实坐标的偏差，一般用长度计量单位表示。相对误差一般用误差值与节点无线射程的比例表示，定位误差越小，定位精度越高。

②覆盖范围。不同的定位系统或算法可以在一栋楼房、一层建筑物或一个房间内实现定位。另外，给定一定数量的基础设施或一段时间，一种技术可以定位多少目标也是一个重要的评价指标。

③锚节点密度。锚节点定位通常依赖人工部署或使用全球定位系统实现。人工部署锚节点的方式不仅受网络部署环境的限制，还严重制约了网络和应用的可扩展性。而使用全球定位系统定位，锚节点的费用会比普通节点高两个数量级，这意味着即使仅有10%的节点是锚节点，整个网络的价格也将增加10倍。另外，定位精度随锚节点密度的增加而提高的范围有限，当到达一定程度后不会再提高。

④节点密度。通常以网络的平均连通度来表示，许多定位算法的精度受节点密度的影响。节点密度增大会增加网络部署费用，而且会因为节点间的通信冲突问题带来有限带宽的阻塞。

⑤容错性和自适应性。定位系统和算法都需要比较理想的无线通信环境和可靠的网络节点设备。真实环境往往比较复杂，会出现节点失效或节点硬件受精度限制而造成距离或角度测量误差过大等问题。因此，定位系统和算法必须有很强的容错性和自适应性，对无线传感器网络进行故障管理，减小各种误差的影响。

⑥功耗。功耗是对无线传感器网络的设计和实现影响最大的指标之一。由于传感器节点的电池能量有限，因此在保证定位精确度的前提下，与功耗密切相关的定位所需的计算量、通信开销、存储开销、时间复杂性是一组关键性指标。

⑦代价。定位系统或算法的代价可从不同方面评价。时间代价包括一个系统的安装时间、配置时间、定位所需时间；空间代价包括一个定位系统或算法所需的基础设施和网络节点的数量、硬件尺寸等；资金代价则包括实现一种定位系统或算法的基础设施、节点设备的总费用。

⑧定位实时性。更多的是体现在对动态目标的位置跟踪。

上述性能指标不仅是评价无线传感器网络自身定位系统和算法的标准，也是其设计和实现的优化目标。这些性能指标相互关联，可以根据应用的具体需求作出权衡以设计合适的定位技术。

4．基于测距的定位技术

无线传感器网络中的定位技术可以从以下不同角度分类。

（1）基于测距的（Range-Based）定位技术和不基于测距的（Range-Free）定位技术

基于测距的定位技术需要测量相邻节点间的绝对距离或方位来计算未知节点的位置，包括信号强度测距法、到达时间差测距法、时间差定位法和到达角定位法等。该类技术需要设计算法来减小测距误差对定位的影响。虽然此算法可以获得相对精确的定位结果，但是其计算和通信消耗较大，不适合无线传感器网络低功耗的特点。

不基于测距的定位技术利用节点间的估计距离计算节点位置，包括质心定位算法、凸规划定位算法、基于距离矢量计算跳数的算法、无定形算法和以三角形内的点近似定位算法等。不基于测距的技术虽然精度较低，但是对大多数应用已经足够。其拥有造价低、低功耗的显著优势，在无线传感器网络中备受关注。

（2）基于锚节点的定位技术和无锚节点的定位技术

基于锚节点的定位技术在定位过程中，以锚节点作为参考点，各节点定位后产生整体的绝对坐标系统。

无锚节点的定位技术只关心节点间的相对位置，在定位过程中各节点先以自身作为参考点，将邻近的节点纳入自己定义的坐标系中，相邻的坐标系统依次转换合并，最后产生整体相对坐标系统。

（3）粗粒度定位技术和细粒度定位技术根据计算所需信息的力度划分

细粒度定位计算所需的信息包括信号强度、时间等，而基于跳数和与锚节点的接近度来度量的，则是粗粒度定位。

3.2.7 无线传感器网络的应用

1. 军事应用

无线传感器网络具有可快速部署、可自组织、隐蔽性强和高容错性的特点，非常适合在军事领域应用。无线传感器网络能实现对敌军兵力和装备的监控、战场的实时监视、目标的定位、战场评估、核攻击和生物化学攻击的监测和搜索等功能。传感器网络已成为军事系统必不可少的部分，并且受到各国军方的普遍重视。

无线传感器网络是网络中心战体系中面向武器装备的网络系统，是C4ISR的重要组成部分。C4ISR是现代军事指挥系统中7个子系统的英语单词第一个字母的缩写，即指挥（Command）、控制（Control）、通信（Communication）、计算机（Computer）、情报（Intelligence）、监视（Surveillance）、侦察（Reconnaissance）。

2. 空间探索

探索外部星球一直是人类梦寐以求的理想，借助于航天器部署的传感器网络节点实现对星球表面长时间的监测，是一种经济可行的方案。美国国家航空和宇宙航行局的JPL实验室研制的Sensor Webs就是为将来的火星探测进行技术准备的，已在佛罗里达宇航中心周围的环境监测项目中进行测试和完善。

3. 防爆应用

矿产、天然气等开采、加工场所，由于其易爆易燃的特性，加上各种安全设施陈旧、人为和自然等因素，极易发生爆炸、坍塌等事故，从而造成生命和财产损失巨大，社会影响恶劣。在这些易爆场所，可部署具有敏感气体浓度传感能力的节点，通过无线通信自组织成网络，并把检测的数据传送给监控中心，一旦发现情况异常，立即采取有效措施，防止事故的发生。

4. 灾难救援

在发生了地震、水灾、强热带风暴或遭受其他灾难打击后，固定的通信网络设施（如有线通信网络、蜂窝移动通信网络的基站等网络设施、卫星通信地球站以及微波中继站等）可能被全部摧毁或无法正常工作，对于抢险救灾来说，这时需要无线传感器网络这种不依赖任何固定网络设施、能快速布设的自组织网络技术。

5. 环境科学

随着人们对于环境的日益关注，环境科学所涉及的范围越来越广泛。通过传统方式采集原始数据是一件困难的工作。传感器网络为野外随机性的研究数据获取提供了方便，比如，跟踪候鸟和昆虫的迁移，研究环境变化对农作物的影响，监测海洋、大气和土壤的成分等。此外，也可用于对森林火灾的监控。

6. 医疗保健

如果在住院病人身上安装特殊用途的传感器节点（如心率和血压监测设备），利用传感器网络，医生可以随时了解被监护病人的病情，进行及时处理。还可以利用传感器网络长时间地收集病人的生理数据，这些数据在研制新药品的过程中非常有用，而安装在被监测对象身上的微型传感器也不会给病人的正常生活带来太多的不便。此外，在药物管理等诸多方面，也有新颖而独特的应用。总之，传感器网络为未来的远程医疗提供了更加方便快捷的技术实现手段。

7. 智能家居

嵌入家电中的传感器与执行机构组成的无线传感器执行器网络与互联网连接在一起将会为人们提供更加舒适、方便和具有人性化的智能家居环境，包括家庭自动化（嵌入到智能吸尘器、智能微波炉、电冰箱等，实现遥控、自动操作和基于互联网、手机网络等的远程监控）和智能家居环境（如根据亮度需求自动调节灯光，根据家具脏的程度自动进行除尘等）。

8. 工业自动化

工业自动化包括机器人控制，设备故障监测、故障诊断，工厂自动化生产线，恶劣环境生产过程监控，仓库管理。例如，沃尔玛公司使用的RFID条形码芯片等。在一些大型设备中，需要对一些关键部件的技术参数进行监控，以掌握设备的运行情况。在不便于安装有线传感器的情况下，无线传感器网络就可以作为一个重要的通信手段。

9. 商业应用

自组织、微型化和对外部世界的感知能力是无线传感器网络的三大特点，这些特点决定了无线传感器网络在商业领域会有广泛应用。例如，城市车辆监测和跟踪、智能办公大楼、汽车防盗、交互式博物馆、交互式玩具等领域，无线传感器网络都将孕育出全新的设计和应用模式。

小　　结

本章阐述传感器技术和无线传感器网络技术。重点讨论了传感器的概念、组成和分类及无线传感器网络的体系结构、协议栈等。

习　题

一、简答题

1. 画出传感器的组成框图，并说明各环节的作用。

2. 什么是智能传感器？

3. 简述无线传感器网络中节点的结构及组成部分。

4. 无线传感器网络的特征有哪些？

二、实践题

讨论传感器网络的应用领域。

第 4 章 自动识别技术

自动识别技术将计算机、光、电、通信和网络技术融为一体，与互联网、移动通信等技术相结合，实现了全球范围内物品的跟踪与信息的共享，从而给物体赋予智能，实现人与物体以及物体与物体之间的沟通和对话。

4.1 自动识别技术概述

自动识别技术在与计算机技术、通信技术、光电技术、互联网技术等集成的基础上，发展成为提高人们工作效率、改变人们生活品质、帮助人们获得便利服务的有力工具。物联网时代的来临，给自动识别技术带来新的发展机遇和挑战。随着进一步的应用，自动识别技术将在人们未来日常生活的各个方面都会得到具体应用，具有良好的发展前景。

目前，自动识别技术已广泛应用于身份识别、零售、物流运输、邮政通信、电子政务、工业制造、军事、畜牧管理等领域，在中国物联网发展中发挥着越来越重要的作用。

1. 基本概念

自动识别技术就是应用一定的识别装置，通过被识别物品和识别装置之间的接近活动，自动地获取被识别物品的相关信息，并提供给后台计算机处理系统完成相关后续处理的一种技术。

在现实生活中，各种各样的活动或事件都会产生这样或那样的数据，这些数据包括人的、物质的、财务的，也包括采购的、生产的和销售的，这些数据的采集与分析对于人们的生产或生活决策十分重要。

为了解决这些问题，人们研究和发展了各种各样的自动识别技术，将人们从繁重的、重复的但又十分不精确的手工劳动中解放出来，提高了系统信息的实时性和准确性，从而为生产的实时调整、财务的及时总结以及决策的正确制定提供参考依据。

在信息系统的应用中，利用自动识别及时完成系统原始数据的采集工作，解决了人工数据输入的速度慢、误码率高、劳动强度大、工作简单而重复性高等问题，为计算机信息处理提供了快速、准确地进行数据采集输入的有效手段。因此，自动识别技术作为一种革命性的高新技术，正迅速为人们所接受。

2. 技术分类

自动识别技术近20年来在全球范围内得到了迅速发展，初步形成为一个包括条码技术、磁条磁卡技术、IC卡技术、光学字符识别、射频识别技术、声音识别及视觉识别等集计算机、光、磁、物理、机电、通信技术于一体的高新技术学科。中国物联网校企联盟认为自动识别技术可以分为：光学字符识别技术、语音识别技术、生物计量识别技术、磁卡技术、IC卡技术、条形码技术、射频识别技术（Radio Frequency Identification，RFID）等。

3. 系统原理

完整的自动识别计算机管理系统包括自动识别系统（Auto Identification System，AIDS）、应用程序接口（Application Interface，API）或中间件（Middleware）和应用系统软件（Application Software）。

自动识别系统完成系统的采集和存储工作，应用系统软件对自动识别系统所采集的数据进行应用处理，而应用程序接口则提供自动识别系统和应用系统软件之间的通信接口，将自动识别系统采集的数据信息转换成应用软件系统可以识别和利用的信息并进行数据传递。

4.2 磁卡技术

磁卡是利用磁性载体记录英文与数字等信息，用来标识身份或其他用途的卡片。磁卡是一种卡片状的磁性记录介质，与各种读卡器配合使用。

磁卡使用方便，造价便宜，用途极为广泛，可用于制作信用卡、银行卡、地铁卡、公交卡、门票卡、电话卡、电子游戏卡、车票、机票以及各种交通收费卡等。

1. 磁卡简介

磁卡一般由高强度、耐高温的塑料或纸质涂覆塑料制成，能防潮、耐磨且有一定的柔韧性，携带方便，使用较为稳定可靠。通常，磁卡的一面印刷有说明提示性信息（如插卡方向）；另一面则有磁层或磁条。

2. 工作原理

磁条从本质意义上讲和计算机用的磁盘是一样的，可以用来记载字母、字符及数字信息等。磁条内可分为3个独立的磁道，分别称为TK1、TK2、TK3。TK1最多可记录79个字母或数字，TK2最多可记录40个字符，TK3最多可记录107个字符。

根据使用基材的不同，磁卡可分为PET卡、PVC卡和纸卡3种；根据磁层构造的不同，又可分为磁卡条和全涂磁卡两种。

磁卡在使用中会受到诸多外界磁场因素的干扰；磁卡条受压、被折、长时间磕碰、曝晒、高温、磁条划伤弄脏等也会使磁卡无法正常使用。

同时，在刷卡器上刷卡交易的过程中，磁头的清洁、老化程度，数据传输过程中受到干扰，系统错误动作，收银员操作不当等都可能造成磁卡无法使用。

4.3 IC 卡 技 术

IC卡（Integrated Circuit Card，集成电路卡）又称智能卡（Smart Card）、智慧卡（Intelligent Card）、微电路卡（Microcircuit Card）或微芯片卡等。它将一个微电子芯片嵌入符合ISO 7816 标准的卡基中，做成卡片形式。IC卡与阅读器之间的通信方式可以是接触式的，也可以是非接触式的。根据通信接口把IC卡分成接触式IC卡、非接触式IC卡和双界面卡。IC卡由于其固有的信息安全性高、便于携带、标准化等优点，在身份认证、银行、电信、公共交通、车场管理等领域得到越来越多的应用。

1. IC卡简介

IC卡是继磁卡之后出现的又一种信息载体。IC卡与磁卡是有区别的，IC卡是通过卡里的集成电路存储信息，而磁卡是通过卡内的磁道记录信息。IC卡的成本一般比磁卡高，但保密性更好。

非接触式IC卡又称射频卡，成功解决了无源和非接触这一难题，是电子器件领域的一大突破。主要的功能包括安全认证、电子钱包、数据存储等。常用的门禁卡、二代居民身份证属于安全认证的应用，而银行卡、地铁卡等则是利用电子钱包的功能。

2. 工作原理

IC卡工作的基本原理：射频阅读器向IC卡发一组固定频率的电磁波，卡片内有一个LC串联谐振电路，其频率与阅读器发射的频率相同，这样在电磁波激励下，LC谐振电路产生共振，从而使电容内有了电荷；在这个电容的另一端，接有一个单向导通的电子泵，将电容内的电荷送到另一个电容内存储，当所积累的电荷达到2 V时，此电容可作为电源为其他电路提供工作电压，将卡内数据发射出去或接收阅读器的数据。

4.4 RFID技术概述

4.4.1 RFID技术简介

射频识别（Radio Frequency Identification，RFID）俗称"电子标签"，是一种非接触式的自动识别技术，它通过射频信号自动识别目标对象并获取相关数据，识别工作无须人工干预，可工作于各种恶劣环境。

RFID具有防水、耐高温、使用寿命长、读取距离远、标签数据可以加密、存储数据容量大、存储信息可以随意修改、可以识别高速运动中的物体、可识别多个标签、可以在恶劣环境下工作等优点。

根据不同的应用需求，RFID有很多不同的表现形式。根据不同的参数和特征包括如下5种分类形式。

①依据频率的不同，可以分为低频电子标签、高频电子标签、超高频电子标签和微波电子标签。

②依据封装形式的不同，可以分为信用卡标签、线性标签、纸质标签、玻璃管标签、圆形标签以及特殊用途的异性标签等。

③根据供电形式的不同，可以分为有源系统和无源系统。

④根据标签的数据调制方式不同，可以分为主动式、被动式和半主动式。一般来讲，无源系统为被动式，有源系统为主动式或半主动式。

⑤根据标签的可读性又可具体分为5种子类型：只读标签、一次写入只读标签、读写标签、利用片上传感器实现的可读写标签、利用收发信机实现的可读写标签。

4.4.2 RFID的发展

RFID技术起源于第二次世界大战时期，最初的目的是利用无线电数据技术识别敌方和盟军的飞机。1937年，美国海军研究试验室（NRL）开发了敌我识别系统（IFFS）用于将盟军和敌方的飞机区分开。这种技术在20世纪50年代成为现代空中交通管制的基础，也是早期RFID技术的萌芽，主要应用在军事、实验室等研究领域。20世纪50年代是RFID技术研究和应用的探索阶段，远距离信号转发器的发明扩大了敌我识别系统的识别范围。随着集成电路、可编程存储器、微处理器以及软件技术和编程语言的发展，促进了RFID技术的部署和推广。

20世纪60年代后期，许多公司开始推广RFID系统的商用，主要用于电子物品监控（EAS），即保证仓库、图书馆等的物品安全和监控。此系统称为1-bit标签系统，相对容易构建、部署和维护。特点是只能检测被标识的目标是否在场，不能有更大的数据容量，不能区分被标识目标之间的差别。

20世纪70年代，制造、运输、仓储等行业都试图研究和开发RFID系统的应用，如工业自动化、动物识别、车辆跟踪等；在20世纪80年代早期，更加完善的RFID技术和应用出现，如铁路车辆的识别、农场动物和农产品的跟踪；20世纪90年代，自美国俄克拉何马州出现了世界上第一个开放式公路自动收费系统以后，道路电子收费系统在大西洋沿岸得到了广泛应用；从20世纪90年代开始，多个区域和公司开始注意这些系统之间的互操作性，即运行频率和通信协议的标准化问题，只有标准化，才能使RFID的自动识别技术得到更广泛的应用。

在欧洲，微型电路（EM）从1971年开始研究超低功率的集成电路。从技术上看，数年前，所部署的RFID应用基本上都是低频（LF）和高频（HF）的被动式RFID技术。LF和HF系统都受限于数据传输速率和有效距离。有效距离限制了可部署性，数据传输速率则限制了其可伸缩性。因此，20世纪90年代后期，开始出现甚高频（UHF）的主动式标签技术，提供更远的传输距离，更高的传输速率。

21世纪初，RFID已经开始在中国进行试探性的应用，并得到政府的大力支持，2006年6月，中国发布了《中国RFID技术政策白皮书》，标志着RFID的发展已经提高到国家产业发展战略层面。中国参与RFID的相关企业初步形成从标签及设备制造到软件开发集成等一个较为完整的RFID产业链。

在未来几年中，RFID技术将在电子标签、阅读器、系统集成软件、公共服务体系、标准化等方面取得新的进展。RFID技术与条码、生物识别等自动识别技术，将与互联网、通信、传感器网络等信息技术融合，构筑一个无所不在的网络环境。海量RFID信息处理、传输和安全对RFID的系统集成和应用技术提出了新的挑战。RFID系统集成软件将向嵌入式、智能化、可重组方向发展，通过构建RFID公共服务体系，将使RFID信息资源的组织、管理和利用更为深入和广泛。

4.4.3 RFID技术原理及系统组成

1. RFID技术原理

RFID利用射频信号通过空间耦合（突变磁场或电磁场）实现无接触信息传输并通过所传输的信息达到识别目的。RFID系统工作时，阅读器发出查询（能量）信号，标签（无源）在收到查询（能量）信号后将其一部分整流为直流电源供标签内的电路工作，一部分能量信号被电子标签内保存的数据信息调制后发射回阅读器。

当标签进入磁场后，通过天线接收阅读器发出的射频信号，凭借感应电流的能量将存储在芯片中的产品信息（Passive Tag，无源标签或被动标签）发送出去，或是以自身能量源主动发送某频率的信号（Active Tag，有源标签或主动标签）；阅读器接收标签信息并译码后，送至中央信息系统进行相关处理。

以RFID卡片阅读器及电子标签之间的通信及能量感应方式来看大致上可以分成电感耦合（Inductive Coupling）及反向散射耦合（Backscatter Coupling）两种，一般低频的RFID大都采用第一种方式，而较高频大多采用第二种方式。

2. RFID的系统组成

由于RFID可以自动识别目标物体并通过射频信号获取相关数据，因此，具有可靠性高、存储容量大、存储信息更改方便等优点。典型的RFID系统主要由阅读器、电子标签和应用软件系统组成，如图4.1所示。

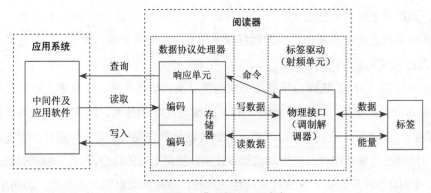

图4.1 典型的RFID系统

（1）阅读器

阅读器（Reader）又称读写器，是RFID系统最重要也最复杂的组件，同时也是RFID系统的信息控制和处理中心。阅读器主要负责在接收主机系统的控制指令的同时与RFID标签进行双向通信。阅读器的频率决定了RFID系统运行的频段，其功率决定了RFID的有效通信距离。阅读器可以是读取或读写设备，具体取决于所使用的结构和技术。图4.2展示了阅读器的组成。

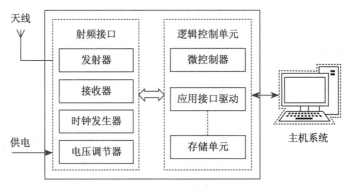

图4.2 阅读器组成

阅读器根据使用的结构和技术不同可以是只读或读/写装置，是RFID系统信息控制和处理中心。阅读器的基本构成又可分为硬件和软件两部分，另外还需要阅读器天线。阅读器的基本功能如下：

①电子标签与阅读器之间的通信功能：主要包括对标签初始化、读取标签内存的信息、使标签功能失效等基本操作。

②阅读器与后端应用系统之间的通信功能：阅读器将读取到的标签信息传递给后端应用系统，而后端应用系统则对阅读器进行控制与信息交互，完成特定的应用任务。

③在阅读器识别范围内，完成多标签的存取，具备一定的防碰撞能力，能够在满足一定技术指标的情况下对移动标签进行读取。

④对于有源标签，能够标识电池相关信息，如电量等。

（2）电子标签

依靠内置射频天线与阅读器进行通信的电子标签是RFID系统中真正的数据载体，如图4.3所示，其由集成电路芯片和无线通信天线组成。

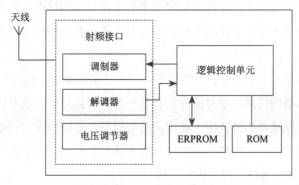

图4.3 电子标签组成

（3）应用软件系统

应用软件系统包括中间件、系统应用软件和数据库。其负责对数据信息的存储和处理，并通过控制阅读器对标签进行读取或写入数据的操作。其中应用软件与中间件协同工作，通过接收可信的阅读器获取到的数据信息，进行相关计算，并可根据需要将被访问标签的数据存入数据库。此外，它还为标签和阅读器之间的相互认证过程提供服务。

4.4.4　RFID应用实例

RFID的应用领域很多，以下主要介绍不停车收费系统和汽车防盗。

1. 不停车收费系统

ETC（Electronic Toll Collection System）又称不停车收费或全自动收费，即收费全过程不需要人工参与，完全自动地、不停车地完成。ETC是电子技术、计算机技术、RFID应用技术以及信息通信技术的产物。通过安装在汽车上的车载装置（即电子标签，存储与车辆有关的大量信息，如车辆型号、车辆号码、车主的有关资料等）与安装在收费车道旁的读写收发器，以微波的方式进行快速的数据交换，系统按相应的标准计算费额，通过联网的银行和提前预缴的储值卡进行结算，实现车辆的不停车收费。不停车电子收费的关键在于车辆电子自动识别和快速通信，整个收费系统由如下四部分组成。

（1）电子标识卡

电子标识卡是一种有源电子射频卡，功率约为$1/1\ 000\ \text{W}$，其内存可存储包括车辆颜色、车辆型号、车牌牌照、车主的相关资料等信息，是一个完善的汽车身份卡和信用卡。

（2）收发器

收发器是一种带有微波线路的装置，用它与标识卡之间建立高方向性的高频微波通信，有很强的抗干扰性能和快速的通信能力。

（3）进行通信处理的微处理器

进行通信处理的微处理器将来自标识卡的信息进行解释并传至车道控制器，从而取得该车的有关资料并进行相应处理，对来自车道控制器的数据信息进行分析后可对标识卡内的数据进行必要的修改。

（4）车道控制器

车道控制器根据卡上的信息，判定通过车辆是否有正常通过的权力，还可以判断卡的有效性，并启动相应的交通标志，给车主发出必要的提示。如果发生违章闯关现象，也可驱动抓拍系统进行违章取证等。

一辆贴有标识卡的汽车进入不停车收费车道前，会有标志牌提示其降低车速（低于$50\ \text{km/h}$）。当汽车通过第一个装有收发器的门架（装有摄像机和红外线探测器）时，收发器与电子标识卡通过高频的微波进行双向确认。收发器首先验证电子标识卡的有效性，并读取卡内的数据计算费额。如果该卡无法被识别（无效或余额不足），门架前方的栏杆将无法自动升起。汽车在通过第二个装有收发器的门架时电子标识卡内的信息被修改，完成收费过程。

ETC的优点：节省时间，提高收费效率，节约能源，提高环保质量，降低收费管理费用和基建费用，提供交通管理数据和手段。

2．汽车防盗

目前，已经开发出了足够小的、能够封装到汽车钥匙当中含有特定码字的射频卡，需要在汽车上装有阅读器，当钥匙插入点火器中时，阅读器能够辨别钥匙的身份。如果阅读器接收不到射频卡发送来的特定信号，汽车引擎将不会发动。用这种电子验证方法，汽车的中央计算机也就能容易防止短路点火。

另一种汽车防盗系统是，驾驶人自己带有一个射频卡，其发射范围是在驾驶人座椅45～55 cm，阅读器安装在座椅的背部。当阅读器读取到有效ID号时，系统发出三声鸣叫，然后汽车引擎才能启动。倘若驾驶人离开汽车并且车门敞开，引擎也没有关闭，这时阅读器就需要读取另一有效ID号，假如驾驶人将该射频卡带离汽车，这样阅读器不能读到有效ID号，引擎就会自动关闭，同时触发报警装置。

小　结

本章阐述了磁卡、IC卡、条形码和RFID射频识别等自动识别技术，重点讨论了RFID射频识别技术的系统组成与原理。

习　题

一、简答题

1．自动识别技术有哪些？

2．简述RFID射频识别的工作原理。

二、实践题

在你生活的所在/相邻社区做个与居民生活相关的磁卡、IC卡、条形码等应用情况的调研，分析自动识别技术应用与当地经济、社会发展的内在联系。

第 5 章　短距离无线通信技术

短距离无线通信技术应用范围十分广泛，能够减少对有线连接的要求，可以在任何地方接收到对方的信息，提高信息交流的灵活性、可移动性，最主要的特点是传播速度快。

5.1　短距离无线通信技术概述

5.1.1　短距离无线通信技术的基本概念

因为人们对信息随时随地获取和交换的迫切需要，短距离无线通信技术已成为当今的热点。

短距离无线通信技术是指通信范围在100 m以内的无线通信，包括很多先进技术（如半导体连接的传输技术、计算机的网络技术和无线通信技术等），把它们连接在一起就形成了一种新型的通信技术。

短距离无线通信分为低速短距离无线通信和高速短距离无线通信两类。低速短距离无线通信的最低数据速率小于1 Mbit/s，通信距离小于100 m。典型技术有ZigBee、蓝牙（Bluetooth）、无线局域网IEEE 802.11（Wi-Fi）等。高速短距离无线通信的最高数据速率大于100 Mbit/s，通信距离小于10 m。典型技术有高速超宽频（Ultra Wide Band）和Wireless USB等。

5.1.2　短距离无线通信技术的特点

在现代生活中，短距离无线通信技术给生活带来很多便利，并逐渐成为人类社会中最为主要的通信方式，短距离无线通信技术具有如下特点：

①无线发射功率在几微瓦到100μW之间。

②通信的距离在几厘米到几百米之间。

③主要在小范围区域内使用。

④不用申请无线频道。

⑤高频操作。

　　短距离无线通信技术主要解决物联网感知层信息采集的无线传输，每种短距离无线通信技术都有其立足的特点。从近期无线通信技术的发展看，短距离无线通信领域各种技术的互补性日趋鲜明。

5.1.3　短距离无线通信技术的应用

1. 军事领域的应用

　　随着科技的迅速发展，现代军事竞争也是人们关注的热点，信息战也成为一种军事较量的标准，短距离无线通信技术就是军事战争中重要的一环。所以，在军事装备中，要给每个军事训练的人都装备上专业无线接收器，同时让他们能熟练运用，让一个作战团队变成信息化战队。

2. 紧急救援中的应用

　　在紧急救援情况下，短距离无线通信更能体现出它的实用性。救援的目的就是把损失降到最小。例如，在地震救援中必须要快速建立一个比较完善的无线通信，让整个救援团队形成一个网，每个成员做好自己的工作，利用无线通信技术顺利地实施救援工作。

3. 现实生活中的应用

　　短距离无线通信技术在数字信息化时代改变生活方式。例如，当人们进入地铁时，经常会出现通信中断的情况，为了让我们的通信不会被中断，相关部门会使用短距离无线通信技术让用户进行连接，给大家的出行提供了很大的方便。

　　总之，近年来短距离无线通信技术变得越来越重要。以往的短距离通信技术已经不能满足人们的需求，必须把先进的无线通信技术引入短距离信息传输中，这对提高人们的工作效率和信息化水平都有着不容忽视的影响。

5.2　Wi-Fi技术

5.2.1　Wi-Fi的概念

　　Wi-Fi（Wireless Fidelity）是IEEE定义的一个无线网络通信的工业标准。该技术使用的是2.4 GHz附近的频段（在2.4 GHz及5 GHz频段上免许可证）。

　　Wi-Fi是一种能够将个人计算机、手持设备（如掌上计算机、手机）等终端以无线方式互相连接的技术。由Wi-Fi联盟（Wi-Fi Alliance）所持有。目的是改善基于IEEE 802.11标准的无线网络产品之间的互通性。

　　Wi-Fi在无线局域网的范畴是指"无线相容性认证"，实质上是一种商业认证，同时也是一种无线联网技术。是无线网络中的一个标准，随着技术的发展，以及IEEE 802.11a及IEEE 802.11g标准的出现，现在IEEE 802.11这个标准已被统称为Wi-Fi。

5.2.2 Wi-Fi的发展

Wi-Fi技术是由澳大利亚政府的研究机构CSIRO（Common wealth Scientific and Industrial Research Organisation，澳大利亚联邦科学与工业研究组织）发明并于1996年在美国成功申请的无线网技术专利。发明人是悉尼大学工程系毕业生Dr John O'Sullivan领导的一群由悉尼大学工程系毕业生组成的研究小组。

5.2.3 IEEE 802.11系列标准

IEEE 802工作组制定的标准主要涉及物理层和MAC层。IEEE 802.11标准是1997年IEEE最初制定的一个WLAN标准，允许无线局域网及无线设备制造商建立互操作网络设备。基于IEEE 802.11系列的WLAN标准目前已包括共21个标准，其中802.11a、802.11b和802.11g最具代表性。

1. IEEE 802.11a标准

1999年，IEEE 802.11a标准制定完成，该标准规定无线局域网工作频段在5.15～5.825 GHz，数据传输速率达到54 Mbit/s或72 Mbit/s（Turbo），传输距离控制在10～100 m。IEEE 802.11a采用正交频分复用（OFDM）的独特扩频技术；可提供25 Mbit/s的无线ATM接口和10 Mbit/s的以太网无线帧结构接口，以及TDD/TDMA的空中接口；支持语音、数据、图像业务；一个扇区可接入多个用户，每个用户可带多个用户终端。

2. IEEE 802.11b标准

1999年9月IEEE 802.11b被正式批准，该标准规定无线局域网工作频段在2.4～2.4835 GHz，数据传输速率达到11 Mbit/s。该标准是对IEEE 802.11的一个补充，采用点对点模式和基本模式两种运作模式，在数据传输速率方面可以根据实际情况在11 Mbit/s、5.5 Mbit/s、2 Mbit/s、1 Mbit/s的不同速率间自动切换，而且在2 Mbit/s、1 Mbit/s速率时与IEEE 802.11兼容。IEEE 802.11b使用直接序列扩频（DSSS）技术，与IEEE 802.11a标准不兼容。

3. IEEE 802.11g标准

IEEE 802.11g标准是对流行的IEEE 802.11b（即Wi-Fi标准）的提速（速度从11 Mbit/s提高到54 Mbit/s）。IEEE 802.11g接入点支持IEEE 802.11b和IEEE 802.11g客户设备。同样，采用IEEE 802.11g网卡的笔记本计算机也能访问现有的IEEE 802.11b接入点和新的IEEE 802.11g接入点。

5.2.4 Wi-Fi网络结构和工作原理

1. Wi-Fi网络结构组成

IEEE 802.11体系由若干部分组成，这些元素通过相互作用提供无线局域网服务，并向上层支持站点的移动性，Wi-Fi网络组成结构如图5.1所示。

（1）站点STA（Station）

具有无线网络接口的无线终端设备，是网络最基本的组成部分。

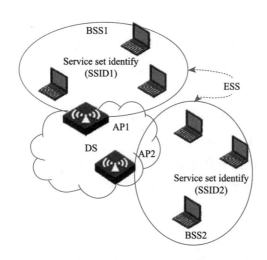

图5.1　Wi-Fi网络组成结构

（2）基本服务单元（Basic Service Set，BSS）

无线局域网的最小构件。一个基本服务单元（BSS）包括一个基站和若干个站点，所有的站点在本BSS内都可以直接通信，在和本BSS以外的站点通信时都必须通过本BSS的基站。

（3）分配系统（Distribution System，DS）

用于连接不同的基本服务单元，分配系统通过必要的逻辑服务将匹配地址分配给目标站点，使移动终端设备得到支持，并在多个BSS间实现无缝整合。

（4）接入点（Access Point，AP）

基本服务单元中的基站称为接入点（AP），其作用和网桥相似。AP既有普通站点的身份，又有接入到分配系统的功能。

（5）扩展服务集（Extended Service Set，ESS）

由分配系统和基本服务单元组合而成。一个基本服务单元可以是孤立的，也可以通过接入点（AP）连接到主干分配系统（DS），然后再接入到另一个基本服务单元BSS，这样就构成了一个扩展服务集（ESS）。

（6）基本服务集标识符（BSSID）

用48个字符标识BSS。在Infrastructure BSS模式下，BSSID是AP的MAC地址。

（7）服务集标识符（SSID）

用一个字符串标识的ESS。即通常所说的WLAN信号名称。最多可以有32个字符，SSID通常由AP广播出来。在同一SS内的所有STA和AP必须具有相同的SSID，否则无法通信。

（8）门桥（Portal）

作用就相当于网桥。用于将无线局域网和有线局域网或者其他网络联系起来。所有来自非IEEE 802.11局域网的数据都要通过门桥才能进入IEEE 802.11的网络结构。

2．Wi-Fi的工作原理

Wi-Fi的设置至少需要一个AP和一个以上的客户端（Client）。AP每100 ms将SSID经由信号台封包广播一次，封包的传输速率是1 Mbit/s，并且长度相当短，所以这个广播动作对网络效能的影响不大。因为Wi-Fi规定的最低传输速率是1 Mbit/s，确保所有的Wi-Fi Client端都能收到广播封包，客户端可以借此决定是否要和这个SSID的AP连线，使用者可以设定要连线到哪个SSID。

（1）主动型串口设备联网

主动型串口设备联网指的是由设备主动发起连接，并与后台服务器进行数据交互（上传或下载）的方式。典型的主动型设备如无线POS机，在每次刷卡交易完成后即开始连接后台服务器，并上传交易数据。

（2）被动型串口设备联网

被动型串口设备联网是指系统中所有设备一直处于被动的等待连接状态，仅由后台服务器主动发起与设备的连接，并进行请求或下传数据的方式。在某些无线传感器网络，每个传感器终端始终实时地采集数据，但是采集到的数据并没有立即上传，而是暂时保存在设备中。而后台服务器则周期性的每隔一段时间主动连接设备，并请求上传或下载数据。

3．Wi-Fi的关键技术

Wi-Fi中所采用的扩展频谱（Spread Spectrum，SS）技术具有非常优良的抗干扰能力，并且具有反跟踪、反窃听的功能，Wi-Fi技术能提供稳定的网络服务。常用的扩频技术有如下4种：直接序列扩频（Direct Sequence Spread Spectrum，DSSS）、跳频扩频（Frequency Hopping Spread Spectrum，FHSS）、跳时扩频（Time Hopping Spread Spectrum，THSS）和连续波调频（Chirp Spread Spectrum，CSS）。DSSS和FHSS两种扩频技术很常见，后两种则是根据前面的技术加以变化，即THSS和CSS通常不会单独使用，而是整合到其他扩频技术上，组成信号更隐秘、功率更低、传输更为精确的混合扩频技术。

（1）直接序列扩频技术

直接序列扩频技术是指把原来功率较高，而且带宽较窄的原始功率频谱分散在很宽广的带宽上，使得整个发射信号利用少量的能量即可传送出去。

（2）跳频扩频技术

跳频扩频技术是指把整个带宽分割成不少于75个频道，每个不同的频道都可以单独传送数据。当传送数据时，根据收发双方预定的协议，在一个频道传送一定时间后，就同步"跳"到另一个频道上继续通信。

（3）OFDM技术

OFDM技术是一种无线环境下的高速多载波传输技术。其主要思想是：在频域内将给定信道分成许多正交子信道，在每个子信道上使用一个子载波进行调制，各子载波并行传输，从而能有效地抑制无线信道的时间弥散所带来的符号间干扰（Inter Symbol Interference，ISI）。这样减少了接收机内均衡的复杂度，有时甚至可以不采用均衡器，仅通过插入循环前缀的方式消除ISI的不利影响。

OFDM技术已成为第四代移动通信的核心技术。IEEE 802.11a/g标准为了支持高速数据传输都采用了OFDM调制技术。目前，OFDM结合时空编码、分集、干扰和邻道干扰抑制以及智能天线技术，最大限度地提高了物理层的可靠性；结合自适应调制、自适应编码以及动态子载波分配和动态比特分配算法等技术，可以使其性能进一步优化。

4．Wi-Fi的特点

Wi-Fi是目前使用最多的传输协议，突出优势如下。

（1）不需要布线

Wi-Fi最主要的优势在于不需要布线。因此，非常适合移动办公用户的需要，目前它已经从传统的医疗保健、库存控制和管理服务等特殊行业向更多行业拓展开来。

（2）高移动性

在无线局域网信号覆盖范围内，各个节点可以不受地理位置的限制进行任意移动。通常来说，AP支持的范围在室外是300 m，在办公环境中达到10～100 m。

（3）无线电波的覆盖范围广

Wi-Fi的半径可达100 m，在办公室或整栋大楼中都可使用。解决了高速移动时数据的纠错问题、误码问题，Wi-Fi设备与设备、设备与基站之间的切换和安全认证都得到了很好的解决。

（4）传输速率高

现有Wi-Fi技术传输速率可以达到300 Mbit/s，下一代Wi-Fi标准可以达到1 Gbit/s，符合个人和社会信息化的需求。

（5）易扩展性

无线局域网每个AP可以支持100多个用户，在现有的无线局域网基础上增加AP，可以把小型网络扩展成为几千个用户的大型网络。

（6）健康安全

IEEE 802.11规定的发射功率不可超过100 mW，实际发射功率约60～70 mW。手机的发射功率约200 mW～1 W，而且无线网络使用方式并非像手机直接接触人体，绝对安全。

（7）成本低廉

厂商进入该领域的门槛比较低。厂商只要在机场、车站、咖啡店、图书馆等人员较密集的地方设置"热点"，并通过高速线路将因特网接入上述场所。厂商不用耗费资金进行网络布线接入，架设费用和复杂程序远远低于传统的有线网络，从而节省了大量的成本。

5.3 ZigBee技术

5.3.1 ZigBee技术概述

ZigBee技术是一种短距离、低复杂度、低功耗、低数据速率、低成本的无线网络技术，是一组基于IEEE 802.15.4无线标准研制开发的通信技术。ZigBee名字来源于蜂群使用的赖以生存和发展的通信方式，蜜蜂通过跳ZigZag形状的舞蹈来分享新发现的食物源的位置、距离和方向等信息。

2000年12月IEEE成立了802.15.4小组，负责制定物理层与MAC层在低速无线个人局域网络（Low-Rate Wireless Personal and Network，LR-WPAN）的规范，并在2003年5月通过IEEE 802.15.4标准。

ZigBee联盟在2002年10月成立，负责制定网络层、安全管理、应用界面规范，并且进行互通测试。2004年12月正式发布ZigBee 1.0版本，但大部分厂商则以2005年9月公布的标准作为规范，来制作ZigBee协议栈。后来又发布了ZigBee 2006、ZigBee 2007两个版本。

5.3.2 ZigBee协议栈

为了完成通信网络必须使用多层次的多种协议。这些协议按照层次顺序组合在一起，构成了协议栈（Protocol Stack）。ZigBee标准采用分层结构，每层都为其上层提供一组特定的服务，即一个数据实体提供数据传输服务，而另一个管理实体提供全部其他服务。每个服务实体都通过一个服务接入点（SAP）为其上层提供相应的服务接口。IEEE 802.15.4标准定义了物理层和介质访问控制层，ZigBee联盟进行了网络层（NWK）和应用层（APL）框架的设计。

1. 物理层

物理层定义了物理无线信道与MAC层之间的接口，提供物理层数据服务和管理服务。物理层数据服务是从无线物理信道上收发数据，物理层管理服务维护一个由物理层相关数据组成的数据库。IEEE 802.15.4定义了两种物理层，即2.4 GHz频段物理层和868/915 MHz频段物理层。物理层的功能包括ZigBee的激活与关闭、当前信道的能量检测、接收链路服务质量信道、ZigBee信道接入方式、信道频率选择及数据发送和接收等。

2. 介质访问控制（MAC）层

MAC层负责处理所有的物理无线信道访问，并产生网络信号、同步信号，支持个人局域网（Personal Area Network，PAN）连接和分离，提供两个对等MAC实体之间可靠的链路。MAC层提供两种服务：MAC层数据服务和MAC层管理服务。前者保证MAC协议数据单元在物理层数据服务中的正确收发，后者从事MAC层的管理活动，并维护一个信息数据库。

3. 网络层

ZigBee协议栈的核心部分在网络层。网络层负责拓扑结构的建立和维护网络连接，主要功能包括设备连接和断开网络时所采用的机制，以及帧信息在传输过程中所采用的安全性机制。网络层实现的功能包括：网络发现、网络形成、允许设备连接、路由器初始化、设备同网络连接、直接将设备同网络连接、断开网络连接、重新复位设备、接收机同步和信息库维护等。

4．应用层

ZigBee应用层框架包括应用支持层、ZigBee设备对象等。应用支持层的功能包括：维持绑定表、在绑定的设备之间传送消息。例如，在家居照明控制灯中，灯和遥控开关的绑定；ZigBee设备对象的功能包括：定义设备在网络中的角色，负责发现网络中的设备，并且决定向它们提供何种应用服务。另外，ZigBee应用层除了提供一些必要函数以及为网络层提供合适的服务接口，一个重要的功能就是应用者可在这层定义自己的应用对象。

5.3.3　ZigBee网络拓扑结构

ZigBee网络支持3种静态和动态的自组织无线网络拓扑结构，即星状结构、网状结构和混合结构。

①星状网由全功能设备（Full Function Device，FFD）作为网络的中心，负责协调全网的工作。简化功能设备（Reduced Function Device，RFD）或其他FFD分布在其覆盖范围内，最多可达65 535个从属设备。这种网络属于主从结构，它的控制和同步都比较简单，适用于设备数量比较少的场合。

②网状网中的每个FFD同时可作为路由器，根据网络路由协议优化最短和最可靠的路径，从而减小功耗，节约成本，并具有高度动态的拓扑结构和自组织、自维护功能。网状网适合于对网络要求更复杂的情况。

③混合网由网状网通过FFD扩展网络，组成无线网格网络与星状网构成的混合网。在混合网中，终端节点采集的信息首先传到同一子网内的协调点，再通过网关节点上传到上一层网络的PAN协调点。混合网适用于覆盖范围较大的网络。

5.3.4　ZigBee技术的应用

1．智能化家居系统

随着TCP/IP技术的不断深入，智能化概念已经开始逐步走入人们的视野。在现代化的家居设计中，不可避免地运用到很多高科技设备元器件（如摄像头、煤气报警器和烟雾感应等），可以利用先进的无线通信ZigBee技术，将所有电子设备串联成一个"大网"，通过网关连接到互联网，这样用户就可以在千里之外观测到家里的"一举一动"，有效地保障家庭、人身以及财产的安全。

ZigBee技术是一种应用于短距离范围内、低数据传输速率下的电子设备之间的无线通信技术。智能化家居迫切需要一种具备低成本、近距离、低功耗、组网能力强等优点的无线互联标准，ZigBee就是这样一个时代的产物。

（1）成本低

ZigBee无线通信技术相对于其他同频率的电子技术而言，具有低成本的优势。与总线预埋工程相比，ZigBee技术可以省去一定的施工成本，如果是已经装修完毕的房屋，更能省去"二次改造"的费用，经济效益显而易见。

（2）安装方便

ZigBee无线通信技术不需要在设备间额外安装通信电缆，而是通过无线网络，使设备之间传播的信号覆盖整个房间。只需更换传统的开关即可立即实现对灯光、空调等电器的智能控制。

（3）操作简单

ZigBee技术的优势就在于可以突破传统的单一化操作，通过"一键设置"将复杂的操作简单化。例如，一键就可以同时控制灯光、窗帘、音乐等构成的场景，操作简单灵活，还具有记忆功能。任何一个住户都可以独立操作，而不需要具有专业的技术水平。

2. 无线智能抄表系统

基于ZigBee技术的无线抄表系统，有效降低了人力成本，保证数据传输的安全性、准确性、实时性，使电网管理部门能及时准确地获得数据信息。伴随着ZigBee技术的不断完善和进步，ZigBee芯片功能会更加强大，研发成本也会不断降低。在未来智能电网领域，无线智能抄表系统将具有很广阔的应用前景。通常系统采用分层分布式结构进行设计，分为现场设备层、网络通信层和站控管理层3部分。

（1）现场设备层

现场设备层是无线智能抄表系统的基础单元，主要负责采集各类仪表的数据信息，这些仪表相当于ZigBee网络构架的端点，通过无线接口与集线器连接实现数据信息的远程传输，为电力公司的电力仪表、温湿度控制器、开关量监测模块以及电动机保护器等设备的控制指令传输提供数据支持。

（2）网络通信层

网络通信层主要负责ZigBee网络的数据协调及汇总各个端点的数据信息，并且对现场设备发送各种控制指令。因此，网络通信层数据汇总以及处理的能力，决定着无线智能抄表系统工作的可靠性和稳定性。此外，网络通信层为了能够提升系统的抗干扰能力，一般会在上机位配置光电隔离保护装置，避免网络中不稳定信号对其造成的干扰或破坏，最大限度提升网络通信层数据交换的稳定性。同时，软件系统将建立统一的认证机制，提升ZigBee网络的安全性，确保数据传输的完整性和保密性。

（3）站控管理层

站控管理层是整个软件系统的核心单元，位于软件结构的最上层，直接面向配电网络的管理人员，主要是负责电表数据的存储、方便管理人员查阅历史数据，进行报表分析，是电网智能化管理的数据平台。系统提供实时时钟或实时定时器，提供逻辑接口，支持VxWorks、Linux操作系统，适合于工业控制，并且具有功耗低、扩展灵活等特点。

5.4 蓝牙技术

5.4.1 蓝牙的概念

蓝牙（Bluetooth）是一种支持设备短距离通信的无线电技术，能在移动电话、掌上计算机、无线耳机、笔记本计算机、相关外设等设备之间进行无线信息交换。利用蓝牙，能够有效地简化移动通信终端设备之间、设备与因特网之间的通信，使数据传输变得更加迅速高效，为无线通信拓宽道路。

蓝牙是一种无线数据与语音通信的开放性全球规范，以低成本的近距离无线连接为基础，为固定与移动设备通信环境建立一个特别连接。是一种利用低功率无线电在各种设备间彼此传输数据的技术。工作在全球通用的2.4 GHz ISM频段，支持点对点及点对多点通信，采用时分双工传输方案实现全双工传输，使用IEEE 802.11协议。

从目前的应用来看，蓝牙模块体积小、功率低，几乎可以被集成到任何数字设备之中。技术特点可归纳为如下几点。

①全球范围适用。工作在2.4 GHz的ISM频段。

②同时可传输语音和数据。采用电路交换和分组交换技术，支持异步数据信道、三路语音信道以及异步数据与同步语音同时传输的信道。

③可以建立临时性的对等连接。根据设备在网络中的角色，分为主设备与从设备。

④具有很好的抗干扰能力。工作在ISM频段的无线电设备很多，为了抵抗干扰，采用了跳频方式来扩展频谱。

⑤蓝牙模块体积很小、便于集成。由于个人移动设备的体积较小，嵌入其内部的蓝牙模块体积就更小了。

⑥低功耗。蓝牙设备在通信连接状态下有4种工作模式：激活模式、呼吸模式、保持模式和休眠模式。激活模式是正常的工作状态，其余是为了节能所规定的低功耗模式。

⑦开放的接口标准。蓝牙技术联盟为了推广蓝牙的使用，将蓝牙的技术标准全部公开。

⑧成本低。随着市场需求的扩大，各供应商纷纷推出自己的蓝牙芯片和模块，使产品价格急速下降。

5.4.2 蓝牙的发展历程

蓝牙是一种无线个人局域网（Wireless PAN）。最初由Ericsson创制，后来由蓝牙技术联盟制定技术标准。"蓝牙"的名称来自于10世纪丹麦国王Harald Gormsson的外号。因为国王喜欢吃蓝莓，以至于牙齿每天都是蓝色的，所以叫蓝牙。当时蓝莓因为颜色怪异的缘故，被认为是不适合食用的东西。因此，这位喜爱尝新的国王也成为创新与勇于尝试的象征。

蓝牙技术联盟（Bluetooth Special Interest Group，SIG）创建于1998年，成员有Ericsson、Intel、

IBM、Nokia等公司。它们共同的目标是建立一个全球性的小范围无线通信技术，将计算机、通信设备以及附加设备通过短程、低功耗、低成本的无线电波连接起来，即现在的蓝牙。如今该组织的成员已经超过10 000家公司，涉及电信、计算机、汽车制造、工业自动化和网络行业等多个领域。2006年10月，联想公司取代IBM公司在该组织中的创始成员位置，联想将与其他业界领导厂商一样拥有蓝牙技术联盟董事会中的一席，并积极推动蓝牙标准的发展。

蓝牙先后推出V 1.0、V 1.1、V 1.2、V 2.0、V 2.1、V 3.0、V 4.0等版本。V 1.0版本推出后，蓝牙并未立即受到广泛应用，除了当时对应蓝牙功能的电子设备种类少，蓝牙装置也十分昂贵。2001年的V 1.1版正式列入IEEE标准，Bluetooth 1.1即为IEEE 802.15.1。为了拓宽蓝牙的应用层面和传输速率，SIG先后推出了V 1.2、V 2.0版以及其他附加新功能。

V 2.0是V 1.2的改良版，传输率为1.8～2.1 Mbit/s，支持全双工工作模式；V 2.1版本的芯片，具备了短距离内传输高保真音乐的条件；V 3.0的数据传输率提高到了约24 Mbit/s，可以轻松用于录像机至高清电视、便携移动个人计算机至打印机之间的资料传输。

5.4.3 蓝牙系统及原理

1. 蓝牙系统的组成

蓝牙系统由天线单元、链路控制单元、链路管理单元和软件结构（协议体系）4个单元组成。

（1）天线单元

蓝牙天线属于微带天线，空中接口是建立在天线电平为0 dBm基础上的，遵从美国联邦通信委员会有关0 dBm电平的ISM频段的标准。

（2）链路控制单元

链路控制单元描述了硬件——基带链路控制器的数字信号处理规范。产品的链接控制硬件包括：链路控制器、基带处理器以及射频传输/接收器3个集成器件，此外还使用了3～5个单独调控元件，基带链路控制器负责处理基带协议和其他一些低层常规协议。采用时分双工实现全双工传输。

（3）链路管理单元

链路管理单元软件模块设计了链路的数据设置、鉴权、链路硬件配置和其他一些协议。

（4）软件结构（协议体系）

蓝牙设备应具有互操作性，即任何设备之间都应能够实现互联互通，包括硬件和软件。

2. 蓝牙的工作原理

（1）蓝牙通信的主从关系

蓝牙技术规定每对设备之间进行蓝牙通信时，必须一个为主角色，另一个为从角色，才能进行通信。通信时，必须由主端进行查找，发起配对，建立连接成功后，双方即可收发数据。一个具备蓝牙通信功能的设备，可以在两个角色间切换，平时工作在从模式，等待其他主设备连接；需要时，转换为主模式，向其他设备发起呼叫。

（2）蓝牙的呼叫过程

蓝牙主端设备发起呼叫，首先是查找，找出周围处于可被查找的蓝牙设备。主端设备找到从端蓝牙设备后，与从端蓝牙设备进行配对，此时需要输入从端设备的个人识别码（Personal Identification Number，PIN），也有设备不需要输入PIN码。配对完成后，从端蓝牙设备会记录主端设备的信任信息，此时主端即可向从端设备发起呼叫，已配对的设备在下次呼叫时，不再需要重新配对。

（3）蓝牙一对一的串口数据传输应用

蓝牙数据传输应用中，一对一串口数据通信是常见的应用之一。蓝牙设备在出厂前即提前设好两个蓝牙设备之间的配对信息，主端预存有从端设备的PIN码、地址等，两端设备加电即自动建立连接，透明串口传输，无须外围电路干预。一对一应用中从端设备可以设为两种类型，一是静默状态，即只能与指定的主端通信，不被别的蓝牙设备查找；二是开发状态，既可被指定主端查找，也可以被别的蓝牙设备查找建立连接。

3．对等网络

蓝牙设备在规定的范围内和规定的数量限制下，可以自动建立相互之间的联系，而不需要一个接入点或者服务器，由于这种网络是由某些蓝牙设备临时构成的网络，网络又称临时网。由于网络中的每台设备在物理上都是完全相同的，因此又称对等网。

蓝牙系统有3种主要状态：待机状态、连接状态和节能状态。从待机状态向连接状态转变的过程中有7个子状态：寻呼、寻呼扫描、查询、查询扫描、主响应、从响应、查询响应。

5.5　超宽带（UWB）技术

5.5.1　UWB技术概述

1．UWB简介

UWB（Ultra Wide Band，超宽带）是一种不用载波，采用时间间隔极短的脉冲进行通信的技术，又称脉冲无线电（Impulse Radio）、时域（Time Domain）或无载波（Carrier Free）通信。UWB是利用纳秒级窄脉冲发射无线信号的技术，适用于高速、近距离的无线个人通信。按照美国联邦通信委员会（FCC）的规定，从3.1~10.6 GHz之间的7.5 GHz的带宽频率为UWB所使用的频率范围。

从频域来看，UWB有别于传统的窄带和宽带，它的频带更宽。相对带宽（信号带宽与中心频率之比）小于1%的称为窄带，相对带宽在1%~25%的称为宽带，相对带宽大于25%，而且中心频率大于500 MHz的称为超宽带。因此，UWB技术主要具有如下特点：①系统结构的实现比较简单；②传输速率高；③抗干扰性能强；④安全性高；⑤功耗低；⑥多径分辨能力强；⑦定位精确；⑧工程简单、造价便宜等。

2. UWB发展

UWB出现于20世纪60年代，但其应用一直仅限于军事、灾害救援、雷达定位及测距等方面。自1998年起，FCC对UWB无线设备的原有窄带无线通信系统的干扰及其相互共容的问题开始广泛征求业界意见，在有美国军方和航空界等众多不同意见的情况下，FCC仍开放了UWB技术在短距离无线通信领域的应用许可。2002年2月，这项无线技术首次获得了FCC的批准用于民用和商用通信，这项技术的市场前景开始受到世人的瞩目。

UWB具有抗干扰性能强、传输速率高、带宽极宽、消耗电能小、发送功率小等诸多优势，主要应用于室内通信、高速无线局域网、家庭网络、无绳电话、安全检测、位置测定、雷达等领域。

5.5.2 UWB无线通信系统的关键技术

UWB系统的基本模型主要由发射部分、无线信道和接收部分构成，由此UWB的关键技术包括脉冲成形技术、调制技术、多址技术、天线的设计和接收技术等。UWB系统的基本模型如图5.2所示。

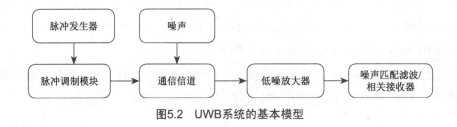

图5.2　UWB系统的基本模型

1. 脉冲成形技术

脉冲波形是UWB通信中的一项重要性能，直接影响其传输速率以及与无线通信系统的共存性。从本质上讲，产生脉冲宽度为纳秒级的信号源是UWB技术的前提条件。

2. 调制技术

调制的主要目的是使经过编码的信号特性与信道特性相适应，使信号经过调制后能够顺利通过信道传输。调制方式是指信号以何种方式承载信息，它不但决定着通信系统的有效性和可靠性，也影响信号的频谱结构、接收机复杂度。在UWB中，信息是调制在脉冲上传递的，既可以用单个脉冲传递不同的信息，也可以使用多个脉冲传递相同的信息。

3. 多址技术

在UWB系统中，多址接入方式与调制方式有密切联系。当系统采用PPM（Pulse Position Modulation，脉冲位置调制）方式时，多址接入方式多采用跳时多址；若系统采用BPSK（Binary Phase Shift Keying，二进制相移键控）方式，多址接入方式通常有两种，即直序方式和跳时方式。

4. 天线的设计

UWB信号占据带宽很大，在直接发射基带脉冲时，需要对设备功耗和信号辐射功率谱密度提出严格要求，这使得UWB通信系统的收发天线设计面临巨大挑战。辐射波形角度和损耗补偿、线性带宽、不同频点上的辐射特性、激励波形的选取等都是天线设计中的关键问题。在要求通信终端小型化的应用中，往往要求设计高性能、小尺寸、暂态性能好的UWB天线。

UWB天线的要求：一是输入阻抗具有UWB特性；二是相位中心具有超宽频带不变特性。即要求天线的输入阻抗和相位中心在脉冲能量分布的主要频带上保持一致，以保证信号的有效发射和接收。

5. 接收技术

UWB收发信机采用零差结构，实现起来十分简单，无须功放、压控振荡器、锁相环、混频器等环节。UWB系统使用现代数字无线技术常用的数字信号处理芯片产生不同的调制方式，逐步降低信息速率，在更大范围内连接用户。

在接收端，天线收集的信号能量经过放大后，通过匹配滤波或相关的接收机进行处理，再经高增益门限电路恢复原来的信息。当距离增加时，可以由发送端用几个脉冲发送同一信息的比特流方式，增加接收机的信噪比，同时可以通过软件的控制，动态地调整数据速率、功耗与距离的关系，使UWB有极大的灵活性，这种灵活性正是功率受限的未来移动计算所必需的。

5.5.3　UWB技术的应用

根据UWB无线通信的特点，UWB无线通信技术的主要功能包括无线通信和定位功能。根据上述功能，UWB主要分为军用和民用两个方面。UWB技术可以应用于无线多媒体家庭网、个域网、雷达定位、成像系统、智能交通系统以及应用于军事、公安、消防、救援、医疗、勘探测量等多个领域。

1. Ubisense UWB定位系统

Ubisense公司利用UWB技术构建了革命性的实时定位系统，在国内外有10多年的成熟应用。其高精度性、高可靠性是传统RFID、Wi-Fi、ZigBee等技术无法比拟的，它将逐步占领无线定位市场。Ubisense具有精确可靠的实时定位、有源射频标签、适用于室内/户外环境、高精度等特性，为客户端提供成熟的软件平台。Ubisense UWB定位系统由Ubisense传感器、定位标签、定位引擎3部分组成。

目前国内著名的实时定位系统（室内人员定位系统）提供商有苏州优频科技、威德电子、唐恩科技、南京如歌电子等；国外有Ubisense、Ekahau、PanGo、Aeroscout、Nanotron、Q-track等多家公司。RTLS（Real-Time Locating Systems）系统的国际标准为ISO/IEC 24730-2:2006 *Information Technology*。目前国内RTLS行业主要用于人员、货物、资产设备等定位，随着物联网在国内的普及，提供位置服务的应用将会更多。

2. 有线电视网络

有线电视网是高效廉价的综合网络，具有频带宽、容量大、功能多、成本低、抗干扰能力强、支持多种业务连接千家万户的优势，它的发展为信息高速公路的发展奠定了基础。为了解决有线电视网络的带宽问题，引入UWB技术，因为它使用无载波技术，网络配置成本低，只需要在系统前端和用户侧增加相应装置，就可以在不改变现有有线电视网络结构的基础上传输UWB数据流。

UWB技术具有类噪声特性，传送数据时在时域产生持续时间非常短的脉冲信号，而有线电视系统中发送的载波信号受到外界噪声和其他信号的干扰后，系统可用带宽和有线网络的传输容量会受到很大影响，UWB的短脉冲信号则不会对载波信号造成干扰，于是在有线电视网络的公共传输媒质中实现了UWB脉冲信号与其他频域信号的共存。

3．智能交通

在智能交通系统上，UWB系统同时具有无线通信和定位的功能，可方便地应用于智能交通系统中，为车辆防撞、电子牌照、电子驾照、智能收费、车内智能网络、测速、监视等提供高性能、低成本的解决方案。在传感器网络和智能环境（包括生活环境、生产环境、办公环境）中，UWB系统主要用于对各种对象（人和物）进行检测、识别、控制和通信。

小　结

本章介绍了短距离无线通信技术，重点从Wi-Fi技术、ZigBee技术、蓝牙技术和超宽带（UWB）技术等对短距离无线通信的发展、特点及应用等方面进行详细介绍。

习　题

简答题

1．简述ZigBee技术的起源。

2．蓝牙协议栈由哪几层组成？各层的协议有哪些？

3．ZigBee技术采用什么方法实现低功耗？

4．Wi-Fi的组网模式有哪几种？各自有哪些特点？

第 ⑥ 章　物联网组网概述

物联网技术是依托互联网发展而派生的新兴技术，发展前景将超过计算机、互联网、移动通信等传统IT领域。作为信息产业发展的第三次革命，物联网涉及的领域越来越广。计算机网络是物联网应用的基础。如果没有计算机网络，没有可供控制和操纵的智能设备，没有先进的网络传输技术，将物理设备融入网络达到随时随地监控和操纵则不可能实现。

计算机网络与物联网都是把信息从物理世界提取和转换到信息世界的技术。它们的关系在于：物联网使用传感器技术、自动识别技术，将需要采集的信息通过短距离无线通信系统，接入计算机网络中。本章主要介绍计算机网络基础及物联网与计算机网络之间的关系。

6.1　计算机网络基础

6.1.1　计算机网络概述

计算机网络（Computer Network）是计算机技术与通信技术结合的产物。

计算机网络是将若干台独立的计算机通过传输介质相互物理地连接，并通过网络软件逻辑地相互联系到一起而实现信息交换、资源共享、协同工作和在线处理等功能的计算机系统。计算机网络给人们的生活带来了极大的方便。计算机网络不仅可以传输数据，更可以传输图像、声音、视频等多种媒体形式的信息，在人们的日常生活和各行各业中发挥着越来越重要的作用。目前，计算机网络已广泛应用于政治、经济、军事、科学以及社会生活的方方面面。

6.1.2　计算机网络的拓扑结构

在研究计算机网络组成结构的时候，我们可以采用拓扑学中一种研究与大小形状无关的点、线特性的方法，即抛开网络中的具体设备，把工作站、服务器等网络单元抽象为"节点"，把网络中的电缆等通信介质抽象为"线"。这样，从拓扑学的观点看计算机网络就变成了点和线组成的几何图形，称为网络拓扑结构。

网络中的节点有两类，一类是只转接和交换信息的转接节点，包括节点交换机、集线器和终端控制器等；另一类是访问节点，包括主计算机和终端等，它们是信息交换的源节点和目标节点。

网络拓扑结构是计算机网络节点和通信链路所组成的几何形状。计算机网络有很多种拓扑结构，最常用的网络拓扑结构有：总线结构、环状结构、星状结构、树状结构、网状结构和混合结构。下面介绍常见的网络拓扑结构。

1. 总线结构

总线结构采用一条单根的通信线路（总线）作为公共的传输通道，所有的节点都通过相应的接口直接连接到总线上，并通过总线进行数据传输。例如，在一根电缆上连接了组成网络的计算机和其他共享设备（如打印机等），如图6.1所示。由于单根电缆仅支持一种信道。因此，连接在电缆上的计算机和其他共享设备共享电缆的所有容量。连接在总线上的设备越多，网络发送和接收数据就越慢。

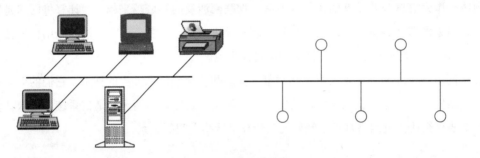

图6.1 总线拓扑结构

总线网络使用广播式传输技术，总线上的所有节点都可以发送数据到总线上，数据沿总线传播。但是因为所有节点共享同一条公共通道，所以，在任何时候只允许一个站点发送数据。当一个节点发送数据，并在总线上传播时，数据可以被总线上的其他所有节点接收。各站点在接收数据后，分析目的物理地址再决定是否接收该数据。粗、细同轴电缆以太网就是这种结构的典型代表。总线拓扑结构具有如下特点：

①结构简单、灵活，易于扩展；共享能力强，便于广播式传输。

②网络响应速度快，但负荷重时性能迅速下降；局部站点故障不影响整体，可靠性较高。但是，总线出现故障，则将影响整个网络。

③易于安装，费用低。

2. 环状结构

环状结构是各个网络节点通过环接口连在一条首尾相接的闭合环状通信线路中，如图6.2所示。每个节点设备只能与它相邻的一个或两个节点设备直接通信。如果要与网络中的其他节点通信，那么数据需要依次经过两个通信节点之间的每个设备。环状网络既可以是单向的也可以是双向的。单向环状网络的数据绕着环向一个方向发送，数据所到达的环中的每个设备都将数据接收经再生放大后将其转发出去，直到数据到达目标节点为止。双向环状网络中的数据能在两个方向上进行传输，因此设备可以和两个邻近节点直接通信。如果一个方向的环中断了，数据还可以通过相反的方向在环中传输，最后到达其目标节点。

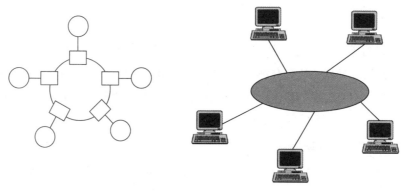

图6.2　环状拓扑结构

环状结构有两种类型，即单环结构和双环结构。令牌环（Token Ring）是单环结构的典型代表，光纤分布式数据接口（FDDI）是双环结构的典型代表。环状拓扑结构具有如下特点：

①在环状网络中，各工作站间无主从关系，结构简单；信息流在网络中沿环单向传递，延迟固定，实时性较好。

②两个节点之间仅有唯一的路径，简化了路径选择，但可扩充性差。

③单环结构可靠性差，任何线路或节点的故障，都有可能引起全网故障，且故障检测困难。

3. 星状结构

星状结构的每个节点都由一条点对点链路与中心节点（公用中心交换设备，如交换机、集线器等）相连，如图6.3所示。星状网络中的一个节点如果向另一个节点发送数据，首先将数据发送到中央设备，然后由中央设备将数据转发到目标节点。信息的传输是通过中心节点的存储转发技术实现的，并且只能通过中心节点与其他节点通信。星状网络是局域网中最常用的拓扑结构。星状拓扑结构具有如下特点：

①结构简单，便于管理和维护；易实现结构化布线；结构易扩充，易升级。

②通信线路专用，电缆成本高。

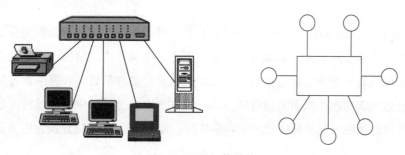

图6.3　星状拓扑结构

③星状结构的网络由中心节点控制与管理，中心节点的可靠性基本上决定了整个网络的可靠性。

④中心节点负担重，易成为信息传输的瓶颈，且中心节点一旦出现故障，会导致全网瘫痪。

6.1.3 计算机网络的分类

计算机网络可以有不同的分类方法。例如，按网络覆盖的地理范围分类、按网络控制方式分类、按网络的拓扑结构分类、按网络协议分类、按传输介质分类、按所使用的网络操作系统分类、按传输技术分类和按使用范围分类等。但按网络覆盖的地理范围分类和按传输技术分类是其中最重要的分类方法。

1. 局域网、城域网和广域网

按照网络覆盖的地理范围的大小，可以将网络分为局域网、城域网和广域网3种类型。这也是网络最常用的分类方法。

（1）局域网

局域网（Local Area Network，LAN）是将较小地理区域内的计算机或数据终端设备连接在一起的通信网络。局域网覆盖的地理范围比较小，一般在几十米到几千米之间。常用于组建一个办公室、一栋楼、一个楼群、一个校园或一个企业的计算机网络。局域网可以由一个建筑物内或相邻建筑物的几百台至上千台计算机组成，也可以小到连接一个房间内的几台计算机、打印机和其他设备。局域网主要用于实现短距离的资源共享。图6.4所示为一个由几台计算机和打印机组成的典型局域网。

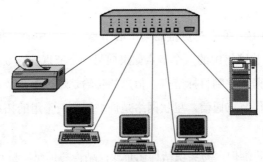

图6.4 局域网示例

（2）城域网

城域网（Metropolitan Area Network，MAN）是一种大型的LAN，覆盖范围介于局域网和广域网之间，一般为几千米至几万米，城域网的覆盖范围在一个城市内，将位于一个城市之内不同地点的多个计算机局域网连接起来实现资源共享。城域网所使用的通信设备和网络设备的功能要求比局域网高，以便有效地覆盖整个城市的地理范围。一般在一个大型城市中，城域网可以将多个学校、企事业单位、公司和医院的局域网连接起来共享资源。图6.5所示为不同建筑物内的局域网组成的城域网。

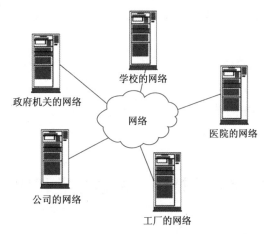

图6.5　城域网示例

（3）广域网

广域网（Wide Area Network，WAN）是在一个广阔的地理区域内进行数据、语音、图像信息传输的计算机网络。由于远距离数据传输的带宽有限，因此广域网的数据传输速率比局域网要慢得多。广域网可以覆盖一个城市、一个国家甚至于全球。因特网是广域网的一种，但它不是一种具体独立性的网络，它将同类或不同类的物理网络（局域网、广域网与城域网）互联，并通过高层协议实现不同类网络间的通信。如图6.6所示为一个简单的广域网。

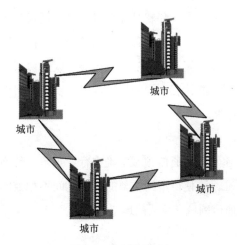

图6.6　广域网示例

2．广播式网络与点对点网络

根据所使用的传输技术，可以将网络分为广播式网络和点对点网络。

（1）广播式网络

在广播式网络中仅使用一条通信信道，该信道由网络上的所有节点共享。在传输信息时，任何一个节点都可以发送数据分组，传到每台机器上，被其他所有节点接收。这些机器根据数据包中的目的地址进行判断，如果是发给自己的则接收，否则便丢弃它。总线以太网就是典型的广播式网络。

（2）点对点网络

与广播式网络相反，点对点网络由许多互相连接的节点构成，在每对机器之间都有一条专用的通信信道，因此在点对点网络中，不存在信道共享与复用的情况。当一台计算机发送数据分组后，它会根据目的地址，经过一系列中间设备的转发，直至到达目的节点，这种传输技术称为点对点传输技术，采用这种技术的网络称为点对点网络。

6.2 网络体系结构、通信标准和协议概述

6.2.1 标准化组织

1．对标准的需要

人们也许认为，在计算机之间建立通信，就是怎样确保数据由一台计算机流向另一台计算机的问题。其实不然，由于各种计算机总是不尽相同。因此，它们之间的数据传输要比想象中的复杂得多。计算机公司设计制造各种型号的计算机，以适应不同的需求。总体上都遵循一般的原理，但实现细节上必然受到人们主观思想和观念的影响。不同的计算机有各自不同的体系结构、使用不同的语言、采用不同的数据存储格式、以不同的速率进行通信。彼此间如此不兼容，通信也就非常困难。

这种不兼容导致了一个基本的问题：那就是计算机怎样实现通信呢？进行交流的不同国家的每个人讲不同的语言，所以需要翻译。而且，他们必须共同遵守一个协议，这个协议规定了他们以怎样的方式、规则进行沟通。同样，计算机间互相通信，也需要协议。协议具有多样性，协议成为一个所有人都必须遵循的标准协议。不同的群体有不同的目标，为了实现各自的目标，他们对协议有不同的设想。因此，出现了许多不同的标准。

2．制定标准的机构

这些机构的作用在于在飞速发展的通信领域中确立行业规范。然而，为了规范通信技术的各个不同方面，出现了数以百计的标准。这使得不同类型的设备之间不相兼容的问题日益严重。下面列出的标准组织在计算机网络和数据通信领域有重要的地位。

（1）美国国家标准协会

美国国家标准协会（American National Standards Institute，ANSI）是一个非政府部门的私人机构。其成员包括制造商、用户和其他相关企业。它有将近一千个会员，而且本身也是国际标准化组织，或简称ISO的一个成员。ANSI标准广泛存在于各个领域。例如，美国标准信息交换码（ASCII）被用来规范计算机内的信息存储。

（2）国际电子技术委员会

国际电子技术委员会（International Electrotechnical Commission，IEC）是一个为办公设备的互

联、安全以及数据处理制定标准的非政府机构。该组织参与了图像专家联合组（JPEG），为图像压缩制定标准。

（3）国际电信联盟

国际电信联盟（ITU）其前身是国际电报电话咨询委员会（CCITT）。ITU是一家联合国机构，共分为三个部门。ITU–R负责无线电通信；ITU–D是发展部门；ITU–T负责电信。ITU的成员包括各种各样的科研机构、工业组织、电信组织、电话通信方面的权威人士及ISO。ITU已经制定了许多网络和电话通信方面的标准。

（4）电子工业协会

电子工业协会（Electronic Industries Association，EIA）的成员包括电子公司和电信设备制造商。它也是ANSI的成员。EIA的首要课题是设备间的电气连接和数据的物理传输。最广为人知的标准是RS–232（或称EIA–232），已成为大多数个人计算机、调制解调器和打印机等设备通信的规范。

（5）Internet工程特别任务组

Internet工程特别任务组（Internet Engineering Task Force，IETF）是一个国际性团体。其成员包括网络设计者、制造商、研究人员以及所有对因特网的正常运转和持续发展感兴趣的个人或组织。分为几个工作组，分别处理因特网的应用、实施、管理、路由、安全和传输服务等不同方面的技术问题。这些工作组同时也承担着对各种规范加以改进发展，使之成为因特网标准的任务。IETF的一个重要成果就是对下一代网际协议的研究开发。

（6）电气和电子工程师协会

电气和电子工程师协会（Institute of Electrical and Electronic Engineers，IEEE）是世界上最大的专业技术团体，由计算机和工程学专业人士组成。创办了许多刊物，定期举行研讨会，还有一个专门负责制定标准的下属机构。IEEE在通信领域最著名的研究成果可能就是IEEE 802局域网标准。IEEE 802标准定义了总线网络和环状网络的通信协议。

（7）国际标准化组织

国际标准化组织（International Organization for Standardization，ISO）是一个世界性组织，包括了许多国家的标准团体，如美国的ANSI。ISO最有意义的工作就是它对开放系统的研究。在开放系统中，任意两台计算机可以进行通信，而不必理会各自有不同的体系结构。具有七层协议结构的开放系统互连模型（OSI）就是一个众所周知的例子。

6.2.2 开放系统和开放系统互连模型

前面提到协议可以使不兼容的系统互相通信。如果是给定的两个系统，定义协议将非常方便。但随着各种不同类型的系统不断涌现，其难度也越来越大。允许任意两个具有不同基本体系结构的系统进行通信的一套协议集，称为一个开放系统。ISO一直致力于允许多种设备相互通信的研究，并制定了开放系统互连模型。如果发展完善的话，OSI将允许任意两台连接的计算机实现通信。

OSI模型是一个7层模型，如图6.7所示。每一层实现特定的功能，并且只与上下两层直接通信。高层协议偏重于处理用户服务和各种应用请求。低层协议偏重于处理实际的信息传输。

分层协议的目的在于把各种特定的功能分离开来，并使其实现对其他层次来说是透明的。这种分层结构使各个层次的设计和测试相对独立。例如，数据链路层和物理层分别实现不同的功能。物理层为前者提供服务。数据链路层不必理会服务是如何实现的。因此，物理层实现方式的改变将不会影响数据链路层。这一原理同样适用于其他连续的层次。以下介绍OSI模型的7层功能。

（1）物理层（Physical Layer）

物理层负责在网络上传输数据比特流。这与数据通信的物理或电气特性有关。例如，传输介质是铜质电缆、光纤还是卫星？数据怎样由*A*点传到*B*点？物理层以比特流的方式传送来自数据链路层的数据，而不去理会数据的含义或格式。同样，它接收数据后，不加分析，直接传给数据链路层。

图6.7　ISO的OSI分层协议模型

（2）数据链路层（Data Link Layer）

数据链路层负责监督相邻网络节点的信息流动。使用检错或纠错技术来确保正确的传输。当数据链路检测到错误时，它请求重发，或是根据情况纠正。数据链路层还要解决流量控制的问题：流量太大，网络会出现阻塞；太小了，又会使发送方和接收方等待时间过长。

另外，数据链路层还管理数据格式。数据通常被组合成帧加以传输。帧是按某种特定格式组织起来的字节集合。数据链路层用唯一的比特组合对将要发送的每一帧的开始和结束进行标识，对接收进来的每一帧进行判断，然后把无错的帧送往上一层，即网络层。

（3）网络层（Network Layer）

网络层管理路由策略。例如，在双向的环状网络中，每两个节点间有两条路径。一个更加复杂的拓扑结构可能有很多路由可供选择。哪一条才是最快、最便宜或最安全的呢？哪些路才是宽阔、没有阻塞的呢？是让整个报文采用同一路由，还是把报文分组后分别传送呢？

网络层控制着通信子网（Communications Subnet）。所谓通信子网就是实现路由和数据传输所必需的传输介质和交换组件的集合。网络层是针对子网的最高层次。这一层也可能包含计费软件。网络使人们能够互相通信。但对于大多数服务，用户必须付费。其费用取决于传输数据的数量，也可能与使用网络的时段有关。网络层记录这些信息，并负责计费。

（4）运输层（Transport Layer）

运输层是处理端到端通信的最低层（更低层处理网络本身）。运输层负责选择通信使用的网络。一台计算机可能连接着好几个网络，其速度、费用和通信类型各不相同。到底选择哪个取决于很多因素。例如，传输的信息是很长的连续数据流，还是分为多次间歇传送。电话网络比较适用于前者。一旦建立连接，其线路将一直保持到传输完毕。

另一种方法是把数据划分成多个小的分组（数据子集），再分别传送。在这种情况下，两点间不需要稳定的连接。每一分组通过网络被独立地传输。因此，当分组到达目的地时，必须重新进行组装，然后才能送往上层用户。问题是：如果各个分组经过不同的路由，那就无法保证分组会按发送顺序到达目的地，甚至无法保证它们都会到达。所以，接收方不仅要对分组重新排序，还得验证所有的分组是否都已收到。

（5）会话层（Session Layer）

会话层允许不同主机上的应用程序进行会话，或建立虚连接。例如，某个用户登录到一个远程系统，并与之交换信息。会话层管理这一进程，控制哪一方有权发送信息，哪一方必须接收信息，这其实是一种同步机制。

会话层也处理差错恢复。例如，若一个用户正在网络上发送一个大文件的内容，而网络忽然故障了。当网络重新工作时，用户是否必须从该文件的起始处开始重传呢？回答是否定的，因为会话层允许用户在一个长的信息流中插入检查点。如果网络崩溃了，只须重传最后一个检查点之后丢去的数据。

用户层次上的单一事务机制也是由会话层实现的。一个常见的例子就是从数据库中删除一个记录。尽管在用户看来，这只是一个单一操作，但实际上它可能包括几个步骤。首先找到这个记录，然后修改指针和地址，可能还需修改索引或散列表，最后完成删除操作。如果是通过网络访问数据库，在真正开始删除前，会话层必须确保所有低级操作已经完成。如果这些数据操作只是简单地按照接收顺序依次执行的话，网络一旦发生故障，就将危及数据的完整性。可能只是改变了部分指针，也有可能删去了记录，而没有删去指向它的指针。

（6）表示层（Presentation Layer）

表示层以用户可理解的格式为上层用户提供必要的数据。例如，有两台计算机使用不同的数字和字符格式，表示层负责在这两种不同的数据格式之间进行转换，用户将感觉不到这种差别。数据与信息之间的差异是表示层需要解决的问题。毕竟，在网络的支持下，用户可以交换信息，而不是原始的比特流。他们不必理会各种数据格式，而只需关心信息的内容和含义。

表示层也提供数据的安全措施。在把数据交给低层传送前，可以先对数据进行加密。另一端的表示层负责在收到数据后解密。用户根本不知道数据曾经改变过。对于侵权问题严重的广域网来说，这一技术特别重要。

（7）应用层（Application Layer）

应用层直接与用户和应用程序打交道。必须注意的是它并不等同于一个应用程序。应用层为用户提供电子邮件、文件传输、远程登录和资源定位等服务。例如，一方的应用层似乎能够直接传送文件给另一方的应用层，而不管低层的网络和计算机体系结构是否相同。

另外，应用层也定义了一些协议集，以支持通过全屏幕文字编辑器方式来模拟各种不同类型的终端。因为对于光标控制，不同的终端使用不同的控制序列。例如，要移动光标，可能只需按方向键，也可能需要按某种组合键。理想情况下，希望这些差别对于用户来说是透明的。

总的来说，下面3层主要处理网络通信的细节问题，它们一起向上层用户提供服务。上面4层主要针对端到端的通信，定义用户间的通信协议，不关心数据传输的低层实现细节，如图6.8所示。

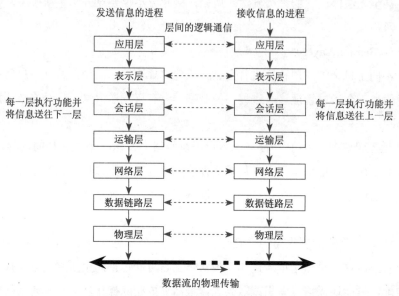

图6.8 应用OSI七层协议进行通信

6.3 TCP/IP协议

TCP/IP（Transmission Control Protocol/Internet Protocol，传输控制协议/网际协议）是互联网最基本的协议。简单地说，就是由底层的IP协议和TCP协议组成的。

在互联网没有形成之前，各个地方已经建立了很多小型的网络，称为局域网。互联网就是将全球各地的局域网连接起来而形成的一个"网之间的网（即网际网）"。然而，在连接之前的各式各样的局域网却存在不同的网络结构和数据传输规则，将这些小的网连接起来后各网之间要通过什么样的规则来传输数据呢？这就像世界上有很多个国家，各个国家的人说各自的语言，世界上任意两个人要怎样才能互相沟通呢？如果全世界的人都能够说同一种语言（即世界语），这个问题不就解决了吗？TCP/IP协议正是互联网上的"世界语"。

TCP/IP协议的开发工作始于20世纪70年代，是用于互联网的第一套协议。下面介绍TCP/IP协议的相关内容。

1. 网际协议（IP）

互联网上使用的一个关键的低层协议是网际协议，即IP协议。人们利用一个共同遵守的通信协议，从而使互联网成为一个允许连接不同类型的计算机和不同操作系统的网络。要使两台计算机彼此之间进行通信，必须使两台计算机使用同一种"语言"。通信协议正像两台计算机交换信息所使用的共同语言，规定了通信双方在通信中所应共同遵守的约定。

计算机的通信协议精确地定义了计算机在彼此通信过程的所有细节。例如，每台计算机发送的信息格式和含义，在什么情况下应发送规定的特殊信息，以及接收方的计算机应作出什么应答等。

IP协议提供了能适应各种各样网络硬件的灵活性，对底层网络硬件几乎没有任何要求，任何一个网络只要可以从一个地点向另一个地点传送二进制数据，就可以使用IP协议加入互联网。

如果希望能在互联网上进行交流和通信，则每台连上互联网的计算机都必须遵守IP协议。为此使用互联网的每台计算机都必须运行IP软件，以便时刻准备发送或接收信息。

IP协议对于网络通信有着重要的意义：网络中的计算机通过安装IP软件，使许多局域网络构成一个庞大而又严密的通信系统。从而使互联网看起来好像是真实存在的，但实际上它是一种并不存在的虚拟网络，只不过是利用IP协议把全世界所有愿意接入互联网的计算机局域网络连接起来，使得它们彼此之间都能够通信。

2. 传输控制协议（TCP）

计算机通过安装IP软件，保证了计算机之间可以发送和接收数据，但IP协议还不能解决数据分组在传输过程中可能出现的问题。因此，若要解决可能出现的问题，连上互联网的计算机还需要安装TCP协议提供可靠的并且无差错的通信服务。

TCP协议被称为一种端到端协议。这是因为它为两台计算机之间的连接起了重要作用。当一台计算机需要与另一台远程计算机连接时，TCP协议会让它们建立一个连接、发送和接收数据以及终止连接。

传输控制协议（TCP）利用重发技术和拥塞控制机制，向应用程序提供可靠的通信连接，使它能够自动适应网上的各种变化。即使在互联网暂时出现堵塞的情况下，TCP也能够保证可靠通信。

众所周知，互联网是一个庞大的国际性网络，网络上的拥挤和空闲时间总是交替不定的，加上传送的距离也远近不同。所以，传输数据所用时间也会变化不定。TCP协议具有自动调整"超时值"的功能，能很好地适应互联网上各种各样的变化，确保传输数值正确。因此，IP协议只保证计算机能发送和接收分组数据，而TCP协议则可提供一个可靠的、可流控的、全双工的信息流传输服务。

综上所述，虽然IP和TCP这两个协议的功能不尽相同，也可以分开单独使用，但它们是在同一时期作为一个协议来设计的，并且在功能上也是互补的。只有两者的结合，才能保证互联网在复杂的环境下正常运行。凡是要连接到互联网的计算机，都必须同时安装和使用这两个协议。因此，在实际中常把这两个协议统称TCP/IP协议。

3. OSI参考模型与TCP/IP参考模型的比较

要理解互联网，并不是一件非常容易的事，TCP/IP协议的开发研制人员将互联网分为四个层次，又称互联网分层模型或互联网分层参考模型。OSI参考模型与TCP/IP参考模型的共同之处是：它们都采用了层次结构的概念，TCP/IP参考模型与OSI参考模型的对应关系如图6.9所示。

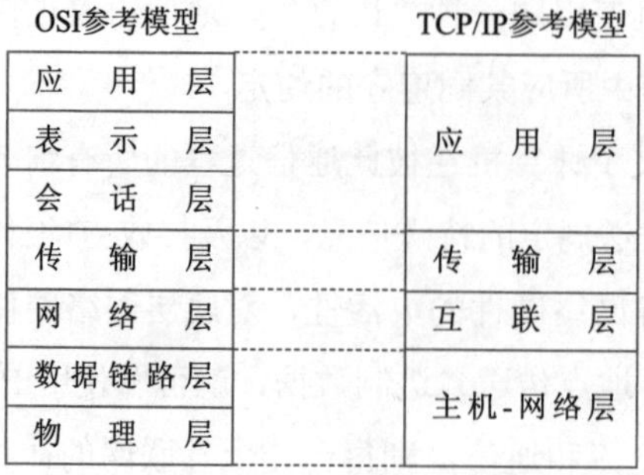

OSI参考模型		TCP/IP参考模型
应　用　层		
表　示　层		应　用　层
会　话　层		
传　输　层		传　输　层
网　络　层		互　联　层
数据链路层		主机-网络层
物　理　层		

图6.9　TCP/IP 参考模型与OSI参考模型的对应关系

（1）主机–网络层

对应于网络的基本硬件，这也是互联网物理构成，即可以看得见的硬件设备，如个人计算机、互联网服务器、网络设备等，必须对这些硬件设备的电气特性进行规范，使这些设备都能够互相连接并兼容使用。定义了将数据组成正确帧的规程和在网络中传输帧的规程，帧是指一串数据，它是数据在网络中传输的单位。

TCP/IP参考模型的最低层，负责通过网络发送和接收IP数据包；允许主机连入网络时使用多种现成的与流行的协议（如局域网的以太网、令牌网，分组交换网的X.25、帧中继、ATM协议等）；当一种物理网被用作传送IP数据包的通道时，就可以认为是这一层的内容；充分体现出TCP/IP协议的兼容性与适应性，也为TCP/IP的成功奠定了基础。

（2）互联层

定义了互联网中传输的"信息包"格式，以及从一个用户通过一个或多个路由器到最终目标的"信息包"转发机制。

相当于OSI参考模型网络层无连接网络服务；负责将源主机的报文分组发送到目的主机；处理来自传输层的分组发送请求；处理接收的数据；处理互联的路由选择、流量控制与拥塞问题；IP协议是一种无连接的、提供"尽力而为"服务的网络层协议。

（3）传输层

为两个用户进程之间建立、管理和拆除可靠而又有效的端到端连接。主要功能是在互联网中源主机与目的主机的对等实体间建立用于会话的端到端连接；传输控制协议TCP是一种可靠的面向连接协议；用户数据报协议UDP是一种不可靠的无连接协议。

（4）应用层

定义了应用程序使用互联网的规程，如网络终端协议（Telnet）、文件传输协议（FTP）、简单邮件传输协议（SMTP）、域名系统（DNS）、简单网络管理协议（SNMP）、超文本传输协议（HTTP）、TCP/IP协议栈。

4. 对OSI参考模型和TCP/IP参考模型的评价

（1）对OSI参考模型的评价

①层次数量与内容选择不是很好，会话层很少用到，表示层几乎是空的，数据链路层与网络层有很多的子层插入。

②OSI参考模型将"服务"与"协议"的定义结合起来，使得参考模型变得格外复杂，实现困难。

③寻址、流量控制与差错控制在每一层里都重复出现，降低系统效率。

④数据安全性、加密与网络管理在参考模型的设计初期被忽略。

⑤参考模型的设计更多是被通信的思想所支配，不太适合于计算机与软件的工作方式；严格按照层次模型编程的软件效率很低。

（2）对TCP/IP参考模型的评价

①在服务、接口与协议的区别上不是很清楚，一个好的软件工程应该将功能与实现方法区分开，参考模型不太适合于其他非TCP/IP协议族。

②TCP/IP参考模型的主机–网络层本身并不是实际的一层。

③物理层与数据链路层的划分是必要和合理的，但是TCP/IP参考模型却没有做到这一点。

6.4 局域网概述

6.4.1 局域网的定义

局域网并没有严格的定义，凡是小范围内的有限个通信设备互联在一起的通信网都可以称为局域网。这里的通信设备可以包括微型计算机、终端、外围设备、电话机、传真机等。按照这种说法，专用小型交换机（Private Branch exchange，PBX）也是一种局域网。本节研究的是计算机局部网络，简称为局域网。

随着计算机硬件价格的不断下降，微型计算机不仅价格便宜，而且功能上超过以前的小型机。为了共享硬件、软件和数据资源，微型计算机联网已是势在必行。在这种背景下，局域网的技术及应用得到了飞速发展。局域网的种类很多，但不管是哪种局域网都具有以下特点：

①有限的地理范围（一般在10 m～10 km）。

②通常多个站共享一个传输介质（同轴电缆、双绞线、光纤）。

③具有较高的数据传输速率，通常为1～20 Mbit/s，高速局域网可达1 000 Mbit/s。

④具有较低的时延。

⑤具有较低的误码率。

⑥有限的站数。

局域网种类很多，分类方法也不少。根据数据传输速率可分为局域网和高速局域网。高速局域网一般指的是在计算机机房内将主机与一些高速外设和另外的主机相连，其传输速率一般都在50 Mbit/s以上。也可以根据访问方法分类，但最主要的还是按网络拓扑结构进行分类。常用的拓扑结构有总线、星状、环状和树状。

6.4.2 以太网

以太网是一种产生较早且使用相当广泛的局域网，由美国Xerox（施乐）公司于20世纪70年代初期开始研究，1975年推出了他们的第一个局域网。由于它具有结构简单、工作可靠、易于扩展等优点，因而得到了广泛应用。1980年美国Xerox、DEC、Intel三家公司联合提出了以太网规范，这是世界上第一个局域网的技术标准。后来的国际标准IEEE 802.3就是参照以太网的技术标准建立的，两者基本兼容。在IEEE 802.3标准中使用的是CSMA/CD协议。因此，术语IEEE 802.3和CSMA/CD有时会作为同义语使用。按此规范设计的局域网产品种类很多，其中较有影响的产品有Novell公司的NetWare、AT&T公司的3BNET、Intel公司的Opennet以及3COM公司的3+Share网络等。

其实，"以太网"只是一个具体局域网的名称。现在，不少人用"以太网"表示所有CSMA/CD协议网络。

1. 以太网的工作原理

以太网是一种总线网络，一条传输线路由所有用户共享，每个用户都可以在需要的时候使用这条传输线路，所有信息包都有一个带有目的地址的包头，所有用户都收听别人的传输。用户在听到包头中的地址后决定是否接收该信息包。由于各节点可以随机地向公共总线发送信息。因此，信息可能会在总线上产生冲突而造成信息传送错误，采用CSMA/CD（Carrier Sense Multiple Access/Collision Detected，载波侦听多路访问/冲突检测）方法就是为了减少冲突。

2. 几种以太网标准

以太网的产品有以下标准：10Base-5（粗同轴电缆），10Base-2（细同轴电缆），10Broad-36（宽带以太网），1Base-5（1 Mbit/s，双绞线），10Base-T（10 Mbit/s，双绞线），10Base-F（10 Mbit/s，光纤）等。

6.4.3 局域网的应用实例——校园网

某中等专业学校校园网于1997年建立，10Base-2总线、星状的混合以太网，使用国家教委推荐的STSIS系统，2000年升级为CVES系统。随着学校信息化水平的不断提高，于2002年重新扩建和改造校园网。

校园网采用星状拓扑结构。网络控制中心设置一台千兆位骨干交换机Cisco 4006，采用光纤模块分别连接到每栋楼的楼区二级交换机Cisco 3524的千兆端口上，提供1 000 Mbit/s的主干交换，由楼区交换机连接三级交换机或直接连至桌面，提供10/100 Mbit/s自适应到桌面。

防火墙为Cisco PIX525，路由器为Cisco 3640，划分为4个VLAN。中心机房6台Intel服务器，具有文件、数据等服务器。700多个信息点覆盖了全校所有科室、教研室、实验室、计算机机房、多功能教室、电子阅览室和计算机网络教室等，采用国际综合布线标准。保证了信息化教学、管理及信息交流的畅通。

网络骨干采用千兆以太网技术，通过二级交换机提供10/100 Mbit/s自适应到桌面连接，而且中心交换机采用交换能力强、具有第三层路由功能、可靠性极高的千兆路由式交换机Cisco 4006，WWW、DNS、FTP及SQL Server服务器到中心交换机的连接均采用千兆以太网技术，以消除网络瓶颈，均衡网络的整体流量。充分保障了在多媒体教学环境中由于声音、图像、三维立体以及动画对网络服务器高带宽的需求。

二级交换机Cisco 3524与中心交换机的连接均为千兆上连，保证网络结构和流量分配的合理性。三级连接采用国产的港湾u系列10 Mbit/s交换机（1 000 Mbit/s上连至Cisco 3524），为每台联网的计算机提供10 Mbit/s独立带宽，这对于大量采用多媒体应用的校园网络是必要的。

根据网络的总体情况，采用集中式与分布式结合的结构化布线改造。网络布线改造涉及4栋楼宇，楼宇之间通过6芯多模光纤连接，使用美国Lucent公司的布线系列产品楼内的水平子系统、干线子系统、设备间子系统和管理子系统均采用超五类线连接。拓扑结构如图6.10所示。

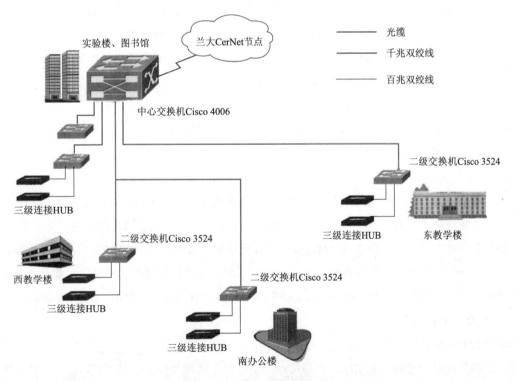

图6.10 实例的网络拓扑结构图

综合布线涉及实验楼、西教学楼、东教学楼、南办公楼、图书馆等在内的共计700个信息点的布设、改造，共三条主干光缆线路的铺设。

1．综合布线

①主干光缆铺设：共计3条光缆，采取架空走线、钢丝加固的方式，由实验楼中心机房分别拉到西教学楼、南办公楼和东教学楼的交换配线分中心，光缆全长约2 000 m。

②工作区信息点双绞线铺设：均为10/100 Mbit/s直接连接至交换机，采取室内走PVC线槽，室外走廊及过道等共用部分以PVC圆管保护的方式。

③工作区连接跳线制作：跳线长度3～10 m。

④信息面板安装：明装与暗埋结合。

⑤线路端到端测试：所有信息点均用Fluke网络测试仪进行了端到端的连通性测试，均符合EIA–TIA–568B标准要求。

⑥Ping命令测试连接终端和服务器：所有应答均在10 ms之内。

2．网络IP地址

①交换机IP地址配置：系统IP地址采用C类私用地址范围，即192.168.0.0，掩码255.255.252.0。

其中：交换机IP地址范围为192.168.0.31～192.168.0.60；Cisco 4006中心交换机IP地址为192.168.0.31；实验楼Cisco 3524的IP地址为192.168.0.32；西教学楼Cisco 3524的IP地址为192.168.0.33；东教学楼Cisco 3524的IP地址为192.168.0.34；南办公楼Cisco 3524的IP地址为192.168.0.35；接入层港湾交换机的IP地址范围为192.168.0.36～192.168.0.60。

②缺省网关设置为192.168.0.30；DHCP服务器设置为192.168.0.5；DNS服务器设置为202.100.64.68。

③教师主机固定IP范围为192.168.0.101～192.168.0.250。

④学生用户的动态IP分配范围为192.168.1.0～192.168.3.254。

⑤服务器端IP地址设定：IP地址范围为192.168.0.1～192.168.0.4。

3．校园网用户TCP/IP的设置

（1）安装设置

打开"我的电脑"→"控制面板"→"网络"，查看在配置标签中，是否已经出现"Microsoft 网络客户""拨号网络适配器""TCP/IP协议"，如果不存在，则按下列步骤进行安装：

"添加"→"客户"，厂商选择"Microsoft"，再选择"Microsoft 网络客户"，单击"确定"按钮。"添加"→"适配器"，厂商选择"Microsoft"，再选择"拨号网络适配器"，单击"确定"按钮。"添加"→"协议"，厂商选择"Microsoft"，再选择"TCP/IP"，单击"确定"按钮。

（2）配置TCP/IP协议

选中"TCP/IP协议"，单击"属性"按钮，进行下面的设置：

①"DNS"标签：选择"起用DNS"选项，"主机名"选择"任意"；"域"选择"任意"；在"DNS服务器搜索顺序"选项中，依次输入地址202.100.64.68。

②"IP地址"标签：教职工选固定IP地址；学生选自动获得 IP 地址。

③"网关"标签：添加网关为192.168.0.30。

（3）单击"确定"按钮，重新启动计算机，单击"是"按钮。

6.5　物联网与计算机网络的关系

众所周知，计算机能够实现上网功能是因为有网络的存在，如果没有计算机网络，就无法彼此之间收发消息，计算机也就成了一个个孤岛。对于计算机网络来说，TCP/IP协议又是其核心。可以这么说，TCP/IP协议是互联网能够飞速发展的技术基础。那么，传统的TCP/IP协议适用于物联网吗?要回答这个问题，先来看看物联网与计算机网络的差别。

1. 网络拓扑

在计算机网络中，局域网终端设备之间是无逻辑关系的，各个设备之间是分散的。虽说互联网也有集群协作的计算机，但这不是普遍存在。但物联网却不一样，物联网终端设备之间是有逻辑关系的，各个设备之间或以工作流、或以层次、或以某种复杂协调的方式来协作;也就是说，物联网设备之间只有具备协作关系，才能体现出物联网的价值。

那么在设计物联网网络时，需要在网络协议设计时就在网络层考虑其逻辑关系，还是留给应用层来定义其逻辑关系?这是值得探讨的问题。

2. 终端数量

在一个计算机局域网下，终端数量多数情况下都在100台以下;因为物联网面对的是海量终端的接入，在一个局域物联网下，终端数量往往可能在1 000台以上。不光是终端数量多，还可能会有终端设备随时加入局域物联网中。

因此，终端数量的增多以及新设备的随时加入，对网络协议的要求就是要有较强的自我扩展性。但是扩展性太强的网络，其安全性就会有所下降。

3. 网络覆盖范围

对于计算机局域网来说，通常情况其覆盖范围就是室内，或者是一个办公间，最大可能是一个建筑体。但是局域物联网通常是在室外，可能覆盖的是几栋楼、一个厂区、一个街区，甚至是一个园区乃至多个城市。局域物联网的一个单元的覆盖距离在1~2 km范围内比较合适，这是根据近距离无线通信自身最大传播距离决定的。覆盖范围的不同，必然会对网络协议及组网技术提出不同的要求。

4. 终端多样性及自我标识

在传统的互联网中，网络终端能力相对单一，要么是手机、要么是计算机。但是在物联网领域，不同行业、不同功能的物联网终端会非常多，物联网终端设备的能力也会千差万别，有的功能可能只是数据采集，有的可能有计算和通信功能，有的可能是集中控制器。

在传统的互联网中，从网络协议角度来看，其设备是无差别的。但是物联网终端设备具有众多的标识方式:二维码、RFID和蓝牙地址等，如何从网络协议上去命名这些设备也是一个重要的研究方向。

5．工作状态

在计算机网络中，终端设备可以随时下线。但在物联网领域的很多行业中，由于终端设备是感知物体的，所以要求其永远处于工作状态。除了对设备本身的寿命及供电时长有要求之外，对于网络协议设计来说也是一个全新的、需要去研究的课题。

6．安全性

在计算机网络中，实际上是人在操纵设备上网，因此终端设备人为参与比较多。但是在物联网中，由于终端设备数量、安装位置等条件限制，人为参与相对较少或很难，所以对终端设备控制的安全性要求就很高。

7．路由协议

在计算机网络中，设计路由协议的目的是：路由设备将从一个地址而来的报文，转发到另外一个地址。

在物联网中，很多终端设备可能同时连接到一个集中控制器，也有可能是分散连接的，这是由局域物联网终端数量众多、覆盖区域广的特性决定的。那么在设计物联网的路由协议时，就要考虑到这些特性。

8．数据的上行与下行

在计算机网络中，每台终端的使用者都是人，网络的数据流量是流向每台计算机，因此计算机网络中数据以下行为主。而在物联网中，终端是要将数据采集并上报，那么数据流量就是以上行为主。数据上行和下行这一最基本状况的改变，必然对现有的网络协议提出新的要求。

从以上描述可以看出，虽然物联网技术基础仍然是计算机及计算机网络技术，但传统的TCP/IP协议并不适用于整个物联网，需要进行改进或升级。具体到如何设计适用于物联网的网络协议，需要在物联网行业实施过程中不断地总结、归纳，并定义出适合自身的物联网网络协议簇体系。

小　结

本章介绍了计算机网络基础、网络体系结构、通信标准和协议、TCP/IP协议和局域网，详细介绍了局域网及应用，探讨了OSI与TCP/IP协议的区别，物联网与计算机网络之间的关系，为物联网组网奠定理论基础。

习　题

一、简答题

1．简述OSI对计算机网络体系结构的划分。

2．简述TCP/IP协议的特点。

3. 简述以太网的工作原理。

二、实践题

1. 讨论OSI参考模型与TCP/IP参考模型的异同。

2. 讨论物联网与计算机网络之间的关系。

第 7 章　云计算与大数据技术

云计算是一种计算模式，也是一种商业模式，云计算是在大数据的基础上进行的。大数据是通过海量的数据发现潜在价值，使人们更好地理解和把握相关信息。大数据的对象是数据，云计算的对象是互联网资源以及应用等。

7.1　云计算概述

7.1.1　云计算简介

云计算并不是对某一项独立技术的称呼，而是对实现云计算模式所需要的所有技术的总称。云计算技术是硬件技术和网络技术发展到一定阶段而出现的一种新技术。云计算技术的内容很多，包括分布式计算技术、虚拟化技术、网络技术、服务器技术、数据中心技术、云计算平台技术和存储技术等。从广义上说，云计算技术几乎包括了当前信息技术中的绝大部分。

维基百科中对云计算的定义为：云计算是一种基于互联网的计算方式，通过这种方式，共享的软硬件资源和信息可以按需求提供给计算机和其他设备。

2012年的国务院政府工作报告将云计算作为国家战略性新兴产业给出了定义：云计算是基于互联网服务的增加、使用和交付模式，通常涉及通过互联网来提供动态、易扩展且是虚拟化的资源。云计算是传统计算机和网络技术发展融合的产物，它意味着计算能力也可作为一种商品通过互联网进行流通。

云计算技术的出现改变了信息产业传统的格局。传统的信息产业企业既是资源的整合者又是资源的使用者，这种格局并不符合现代产业分工高度专业化的需求，同时也不符合企业需要灵敏地适应客户的需要。传统的计算资源和存储资源大小通常是相对固定的，面对客户高波动性的需求时会非常不敏捷，企业的计算和存储资源要么是被浪费，要么是面对客户峰值需求时力不从心。云计算技术使资源与用户需求之间是一种弹性化的关系，资源的使用者和资源的整合者并不是一个企业，资源的使用者只需要对资源按需付费，从而敏捷地响应客户不断变化的资源需求，这一方法降低了资源使用者的成本，提高了资源的利用效率。

云计算时代基本的3种角色：资源的整合运营者、资源的使用者、终端客户。资源的整合运营者就像是发电厂负责资源的整合输出，资源的使用者负责将资源转变为满足客户需求的各种应用，终端客户为资源的最终消费者。

云计算这种新模式的出现被认为是信息产业的一大变革，吸引了大量企业重新布局。云计算技术作为一项涵盖面广且对产业影响深远的技术，未来将逐步渗透信息产业和其他产业的方方面面，并将深刻改变产业的结构模式、技术模式和产品销售模式，进而深刻影响人们的生活。云计算会逐步成为人们生活中必不可少的技术。同时移动互联网的出现使云计算应用走向了人们的指间，推动了云计算技术的应用发展，今后云计算将是一项随时、随地、随身为我们提供服务的技术。云计算的出现也将如电的出现一般，为信息产业的发展提供无限的想象空间，使应用的创新能力得到完全释放。

7.1.2 云计算技术分类

目前已出现的云计算技术种类非常多，对于云计算的分类可以有多种角度：从技术路线角度考虑，可以分为资源整合型云计算和资源切分型云计算；从服务对象角度考虑，可以被分为公有云和私有云；按资源封装的层次来分，可分为基础设施即服务（Infrastructure as a Service，IaaS）、平台即服务（Platform as a Service，PaaS）和软件即服务（Software as a Service，SaaS）。

1. 按技术路线分类

资源整合型云计算：这种类型的云计算系统在技术实现方面大多体现为集群架构，通过将大量节点的计算资源和存储资源整合后输出。这类系统通常能实现跨节点弹性化的资源池构建，核心技术为分布式计算和存储技术。MPI、Hadoop、HPCC、Storm等都可以被分类为资源整合型云计算系统。

资源切分型云计算：这种类型最为典型的就是虚拟化系统，这类云计算系统通过系统虚拟化实现对单个服务器资源的弹性化切分，从而有效地利用服务器资源，其核心技术为虚拟化技术。这种技术的优点是用户的系统可以不做任何改变接入采用虚拟化技术的云系统，是目前应用较为广泛的技术，特别是在桌面云计算技术的成功应用；缺点是跨节点的资源整合代价较大。KVM、VMware是这类技术的代表。

2. 按服务对象分类

公有云：指服务对象是面向公众的云计算服务，公有云对云计算系统的稳定性、安全性和并发服务能力有更高的要求。

私有云：指主要服务于某一组织内部的云计算服务，其服务并不向公众开放。例如，企业、政府内部的云服务。

公有云与私有云的界限并不是特别清晰，有时服务于一个地区和团体的云也被称为公有云。所以，这种云计算分类方法并不是一种准确的分类方法，主要是在商业领域的一种称呼。

3. 按资源封装的层次分类

基础设施即服务：把单纯的计算和存储资源不经封装地直接通过网络以服务的形式提供给用户使用。这类云计算服务用户的自主性较大，就像是发电厂将所发电能直接送出去一样。这类云服务的对象往往是具有专业知识能力的资源使用者，传统数据中心的主机租用等作为IaaS的典型代表。

平台即服务：计算和存储资源经封装后，以某种接口和协议的形式提供给用户调用，资源的使用者不再直接面对底层资源。平台即服务需要平台软件的支撑，可以认为是从资源到应用软件的一个中间件，通过这类中间件可以大大减小应用软件开发时的技术难度。这类云服务的对象往往是云计算应用软件的开发者，平台软件的开发需要使用者具有一定的技术能力。

软件即服务：将计算和存储资源封装为用户可以直接使用的应用，并通过网络提供给用户；SaaS面向的服务对象为最终用户，用户只是对软件功能进行使用，无须了解任何云计算系统的内部结构，也不需要用户具有专业的技术开发能力。

云计算的服务层次是根据服务类型即服务集合来划分，与大家熟悉的计算机网络体系结构中层次的划分不同。在计算机网络中每个层次都实现一定的功能，层与层之间有一定关联。而云计算体系结构中的层次是可以分割的，即某一层次可以单独完成一项用户的请求，而不需要其他层次为其提供必要的服务和支持。在云计算服务体系结构中各层次与相关云产品对应。

7.1.3 云计算是物联网发展的基础

物联网的发展依赖云计算系统的完善。上面提到按资源封装的层次分类，云计算的主要服务类型分为3个层次，从下到上依次为基础设施层、平台层和应用层，如图7.1所示。

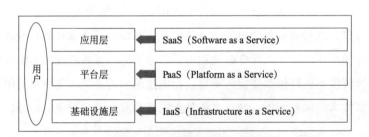

图7.1 云计算服务形式

① 基础设施层IaaS，基础架构即服务。该层的作用是将各种底层的计算和存储等资源作为服务提供给用户。具有代表性的产品有Amazon EC2、IBM Blue Cloud等。

② 平台层PaaS，平台即服务。该层的作用是将一个应用的开发和部署平台作为服务提供给客户。比较著名的产品有Force.com、Google App Engine等。

③ 应用层SaaS，软件即服务。该层的作用是将应用主要以基于Web的方式提供给客户。具有代表性的经典产品有Google Apps、Office Web Apps等。

云计算服务已经成为智能交通领域发展的重要趋势，中国的云计算服务市场居全球第二，仅次于美国。在中国云计算服务提供商、软硬件网络基础设施服务商、云计算咨询规划、运维和集成服务商等，一同构成云计算的产业生态链，为政府、企业和个人用户提供服务。

例如，利用云计算服务商提供的服务，智能交通系统可以直接调用交通云平台中的海量交通信息和数据分析结果，这种基于云计算服务的智能交通系统称为智能交通云。智能交通云是一种快速反应的交通信息管理模式，实现基于云计算的交通信息采集、分析、存储、调用、发布和反馈等功能。交通流量、密度、拥堵状况、最优路径等大量繁杂多变的交通信息通过网络传输到智能交通云平台。借助云计算的分布式存储冗余存储和动态存储等技术，为用户提供实时交通数据、计算软件和交互平台，是今后基于物联网的智能交通系统发展的趋势。

7.2 大数据技术概述

7.2.1 大数据简介

计算和数据是信息产业不变的主题，在信息和网络技术迅速发展的推动下，人们的感知、计算、仿真、模拟、传播等活动产生了大量的数据，数据的产生不受时间、地点的限制，大数据的概念逐渐形成。大数据涵盖了计算和数据两大主题，是产业界和学术界的研究热点，被誉为未来十年的革命性技术。

1. 大数据的定义

大数据是一个比较抽象的概念，维基百科将大数据描述为：大数据是现有数据库管理工具和传统数据处理应用很难处理的大型、复杂的数据集，大数据的挑战包括采集、存储、搜索、共享、传输、分析和可视化等。

大数据的"大"是一个动态的概念。以前10 GB数据是个天文数字，而目前在地球、物理、基因、空间科学等领域，TB级的数据集已经很普遍。大数据系统需要满足以下三个特性。

①规模性（Volume）。需要采集、处理、传输的数据容量大。

②多样性（Variety）。数据的种类多、复杂性高。

③高速性（Velocity）。数据需要频繁地采集、处理并输出。

2. 数据的来源

大数据的数据来源很多，主要有信息管理系统、网络信息系统、物联网系统、科学实验系统等。其数据类型包括结构化数据、半结构化数据和非结构化数据。

①管理信息系统。企业内部使用的信息系统，包括办公自动化系统、业务管理系统等，是常见的数据产生方式。管理信息系统主要通过用户输入和系统的二次加工的方式生成数据，其产生的数据大多为结构化数据，存储在数据库中。

②网络信息系统。基于网络运行的信息系统是大数据产生的重要方式，电子商务系统、社交网

络、社会媒体、搜索引擎等都是常见的网络信息系统。网络信息系统产生的大数据多为半结构化或无结构化的数据，网络信息系统与管理信息系统的区别在于管理信息系统是内部使用的，不接入外部的公共网络。

③物联网系统。通过传感器获取外界的物理、化学、生物等数据信息。

④科学实验系统。主要用于学术科学研究，其环境是预先设定的，数据既可以由真实实验产生，也可以是通过模拟方式获取的仿真数据。

3．生产数据的三个阶段

数据库技术诞生以来，人们生产数据的方式经过了三个主要的发展阶段。

①被动式生成数据。数据库技术使得数据的保存和管理变得简单，业务系统在运行时产生的数据直接保存在数据库中，这个时候数据的产生是被动的，数据是随着业务系统的运行产生的。

②主动式生成数据。互联网的诞生尤其是Web 2.0、移动互联网的发展大大加速了数据的产生，人们可以随时随地通过手机等移动终端生成数据，人们开始主动地生成数据。

③感知式生成数据。感知技术尤其是物联网的发展，促使数据生成方式发生了根本性的变化，遍布在城市各个角落的摄像头等数据采集设备，源源不断地自动采集、生成数据。

4．大数据的特点

在大数据的背景下，数据的采集、分析、处理和传统方式有很大的不同，表现如下。

①数据产生方式。在大数据时代，数据的产生方式发生了巨大变化，数据的采集方式由以往的被动采集数据转变为主动生成数据。

②数据采集密度。以往进行数据采集时的采样密度较低，获得的采样数据有限。在大数据时代，有了大数据处理平台的支撑，可以对需要分析的事件的数据进行更加密集的采样，从而精确地获取事件的全局数据。

③数据源。以往从各个单一的数据源获取数据，获取的数据较为孤立，不同数据源之间的数据整合难度较大。在大数据时代，通过分布式计算、分布式文件系统、分布式数据库等技术对多个数据源获取的数据进行整合处理。

④数据处理方式。以往对数据的处理大多采用离线处理方式，对已经生成的数据集中进行分析处理，不对实时产生的数据进行分析。在大数据时代，根据应用的实际需求对数据采取灵活的处理方式，对于较大的数据源、响应时间要求低的应用可以采取批处理的方式进行集中计算，而对于响应时间要求高的实时数据处理则采用流处理的方式进行实时计算，并且可以通过对历史数据的分析进行预测分析。

大数据需要处理的数据大小通常达到PB（1 024 TB）级，数据的类型多种多样，包括结构化数据、半结构化数据和非结构化数据。巨大的数据量和种类繁多的数据类型给大数据系统的存储和计算带来很大挑战，单节点的存储容量和计算能力成为瓶颈。分布式系统是对大数据进行处理的基本方法，分布式系统将数据切分后存储到多个节点上，并在多个节点上发起计算，解决单节点的存储和计算瓶颈。

7.2.2 主要的大数据处理系统

大数据处理的数据源类型多种多样（如结构化数据、半结构化数据、非结构化数据等），数据处理的需求各不相同，有些场合需要对海量已有数据进行批量处理，有些场合需要对大量的实时生成的数据进行实时处理，有些场合需要在进行数据分析时进行反复迭代计算，有些场合需要对图数据进行分析计算。目前主要的大数据处理系统有数据查询分析计算系统、批处理系统、流式计算系统、迭代计算系统、图计算系统和内存计算系统。

1. 数据查询分析计算系统

大数据时代，数据查询分析计算系统需要具备对大规模数据进行实时或准实时查询的能力，数据规模的增长已经超出了传统关系型数据库的承载和处理能力。目前主要的数据查询分析计算系统包括HBase、Hive、Cassandra、Dremel、Shark、Hana等。

2. 批处理系统

MapReduce是被广泛使用的批处理计算模式，它对具有简单数据关系、易于划分的大数据采用"分而治之"的并行处理思想。将数据记录的处理分为Map和Reduce两个简单的抽象操作，提供了一个统一的并行计算框架。批处理系统将复杂的并行计算的实现进行封装，大大降低了开发人员的并行程序设计难度。Hadoop和Spark是典型的批处理系统。但MapReduce的批处理模式不支持迭代计算。

3. 流式计算系统

流式计算具有很强的实时性，需要对应用源源不断产生的数据进行实时处理，使数据不积压、不丢失，常用于处理电信、电力等行业应用及互联网行业的访问日志等。Facebook的Scribe、Apache的Flume、Twitter的Storm、Yahoo的S4、UCBerkeley的Spark Streaming是常用的流式计算系统。

4. 迭代计算系统

针对MapReduce不支持迭代计算的缺陷，人们对Hadoop的MapReduce进行了大量改进，HaLoop、iMapReduce、Twister、Spark是典型的迭代计算系统。

5. 图计算系统

社交网络、网页链接等包含具有复杂关系的图数据，这些图数据的规模巨大，需要由专门的系统进行存储和计算。常用的图计算系统有Google公司的Pregel、Pregel的开源版本Giraph、Microsoft的Trinity、Berkeley AMPLab的GraphX以及高速图数据处理系统PowerGraph。

6. 内存计算系统

随着内存价格的不断下降、服务器可配置内存容量的不断增长，使用内存计算完成高速的大数据处理已成为大数据处理的重要发展方向。目前常用的内存计算系统有分布式内存计算系统Spark、全内存式分布式数据库系统HANA、Google的可扩展交互式查询系统Dremel。

7.2.3 大数据处理的基本流程

大数据的处理流程可以定义为在适合工具的辅助下，对广泛异构的数据源进行抽取和集成，结果按照一定的标准统一存储，利用合适的数据分析技术对存储的数据进行分析，从中提取有益的知识，并利用恰当的方式将结果展示给终端用户。

1. 数据抽取与集成

由于大数据处理的数据来源类型丰富，大数据处理的第一步是对数据进行抽取和集成，从中提取出关系和实体，经过关联和聚合等操作，按照统一定义的格式对数据进行存储。现有的数据抽取和集成方法有3种：基于物化或ETL方法的引擎（Materialization or ETL Engine）、基于联邦数据库或中间件方法的引擎（Federation Engine or Mediator）和基于数据流方法的引擎（Stream Engine）。

2. 数据分析

数据分析是大数据处理流程的核心步骤，通过数据抽取和集成环节，已经从异构的数据源中获得了用于大数据处理的原始数据，用户可以根据自己的需求对这些数据进行分析处理。例如，数据挖掘、机器学习、数据统计等，数据分析可以用于决策支持、商业智能、推荐系统、预测系统等。

3. 数据解释

大数据处理流程中用户最关心的是数据处理的结果，正确的数据处理结果只有通过合适的展示方式，才能被终端用户正确理解。因此，数据处理结果的展示非常重要，可视化和人机交互是数据解释的主要技术。一般在开发调试程序时经常通过打印语句的方式呈现结果，这种方式非常灵活、方便，但只有熟悉程序的人才能很好地理解打印结果。

使用可视化技术，可以将处理的结果通过图形的方式直观地呈现给用户，标签云（Tag Cloud）、历史流（History Flow）、空间信息流（Spatial Information Flow）等是常用的可视化技术，用户可以根据自己的需求灵活地使用这些可视化技术。人机交互技术可以引导用户对数据进行逐步分析，使用户参与到数据分析过程中，深刻地理解数据分析结果。

7.2.4 数据中心

1. 数据中心的发展历史

（1）数据中心的定义

数据中心是用于存放计算机系统和与之配套的网络、存储等设备的综合系统，数据中心需要具备冗余的数据通信连接、环境控制设备、监控设备以及各种安全装置。

Google在其发布的*The Datacenter as a Computer*一书中，将数据中心定义为：多功能的建筑物，能容纳多个服务器以及通信设备，这些设备被放置在一起是因为它们具有相同的对环境的要求以及物理安全上的需求，并且这样放置便于维护，而并不仅仅是一些服务器的集合。

（2）数据中心的发展历程

①第一阶段——巨型机时代：

20世纪60年代以前，计算机使用大量的真空管作为计算部件，部件之间需要大量的线缆连接，计算机的操作和维护很复杂，其总功率很大，需要专门的供电和制冷系统，计算机的体积庞大，需要一两百平方米的房间来存放，而且当时的计算机主要用于军事用途，单独存放巨型计算机的房间就是今天"数据中心"的雏形。

在第二次世界大战期间，美军为了研制新型武器，在马里兰州的阿伯丁设立了"弹道研究实验室"。但是研制新型机所需的计算量让研究人员大为头疼，200名计算快手不停地计算，但是效率还是很低，他们迫切需要一种新型的计算器来完成这些繁重的计算。当他们正在为这一问题头疼的时候，宾夕法尼亚大学莫尔电机学院的莫克利博士提出了试制第一台电子计算机的设想。

②第二阶段——微型计算机/个人计算机时代：

到了20世纪七八十年代，小型计算机产业发展迅速，计算机朝着体积更小、性能更强的方向发展。1988年CRAY Y–MP巨型计算机的面市推动了高性能数据中心的发展，当时美国国家大气研究中心的计算中心就采用了这种机型。很多企业开始使用小型化的计算机进行公司业务操作和数据处理，业务流程和业务数据与计算机的融合加深，许多公司开始将多台计算机放置在一个房间中来方便维护、管理。

到了20世纪90年代，个人计算机时代来临，随着Linux和Windows操作系统的出现，个人计算机的使用快速普及，个人计算机开始出现在计算机房中，并用价格昂贵的网络设备通过C/S模式的分时操作系统供多用户共享计算机资源。性能快速提升的数据中心在不断小型化的同时开始通过网络为多用户提供共享资源和计算服务，现代数据中心的雏形开始显现。

③第三阶段——互联网时代：

20世纪90年代中期，随着互联网浪潮的到来，数据中心出现了真正的大发展，很多公司都需要高速、稳定的互联网连接以保障企业的网络业务，这个时期很多公司修建了大规模的互联网数据中心（Internet Data Center，IDC）。

④第四阶段——云计算、大数据时代：

巨型机、微型机和互联网是数据中心发展历程中的关键性节点。在巨型机时代，计算是集中式进行的，所有计算均在巨型机上进行，科学家们根据具体的计算任务进行操作，巨型机的主要功能是科学计算。到了微型计算机/个人计算机时代，企业的业务系统等应用部署在了计算机上，应用系统在数据中心处于核心地位；在互联网时代，应用系统是数据中心的服务器核心，这个阶段应用系统在设计时一般固定运行在若干台托管的服务器上，当业务系统的压力变化时，无法动态、实时地对服务器集群规模进行调整。云计算、大数据时代对于数据中心的安全性、稳定性、集群管理、能耗问题、环境影响等方面提出了更高的要求。

例如，Google的数据中心是云计算大数据时代典型的数据中心。Google一般会选择在电力成本低廉、绿色能源丰富、水资源丰富、地域开阔、与其他数据中心距离合理的地方来新建数据中心。其服务器的规模占全球服务器总量的3%，但只消耗了全球数据中心1%的电力，可再生能源的使用量占其总电力消耗的近30%，这得益于Google的数据中心节能环保技术。Google将数据中心的冷通道温度保持在27℃，并使用外部空气冷却其数据中心，而不是使用耗能的冷却系统。Google的服务器都是由其自行设计，减少不必要的零部件，减少不必要的部件能耗，减少风扇数量，提高能源使用效率。

（3）数据中心的组成

数据中心主要由基础设施、硬件设施、基础软件、管理支撑软件构成，各部分的主要组成如下：

①基础设施。机房、装修、供电（强电和UPS）、散热、布线、安防等部分。

②硬件设施。机柜、服务器、网络设备、网络安全设备、存储设备、灾难备援设备等。

③基础软件。操作系统、数据库软件、防病毒软件等。

④管理支撑软件。机房管理软件、集群管理软件、云平台软件、虚拟化软件等。

2．数据中心的选址

数据中心的选址是数据中心建设的早期重要工作，数据中心的使用年限往往会超过20年，数据中心的建设、运行、维护涉及对于地质条件、气候环境、电力供给、网络带宽、人力资源等条件，需要综合考虑诸多因素。

（1）地质环境

大型数据中心在选址时一般倾向选择建设在地质条件比较稳定，地震、沉降等自然灾害较少的地区，减少自然灾害等不可抗力对数据中心运行的影响概率。

（2）气候条件

气候条件对于数据中心的建设、运行成本有直接影响，建设在寒冷地区的数据中心与建设在炎热地区的数据中心相比，用于制冷的电力成本大幅降低，同时其制冷系统的建设级别和造价相对较低。例如，Google在比利时、芬兰等寒冷地区建设了自己的数据中心，尤其是建设在比利时的数据中心，基本全年采用无须制冷剂的自由冷却方式对数据中心进行降温，制冷系统造价和电力成本非常低。

（3）电力供给

数据中心是电力消耗大户。在美国数据中心的能耗已经超过美国全国用电量的1.5%，2012年全球数据中心的总能耗已超过300亿瓦，相当于30座核电站的发电量。单个数据中心的能耗已经上升到千万瓦的级别，数据中心在选址时必须要考虑当地的电力供应能力和电力成本。

（4）网络带宽

网络带宽是数据中心为用户提供服务的核心资源，网络带宽直接影响用户的请求响应及时性，是数据中心选址考虑的重要因素，需要选择网络带宽条件较好的骨干网节点城市。

（5）水源条件

目前先进的数据中心的冷却系统，经常采用水冷系统进行蒸发冷却，用水量巨大。例如，Microsoft公司的圣安东尼奥数据中心每年需要消耗38万吨水用于制冷，数据中心选址时需要考虑当地的水源供给情况。

（6）人力资源

数据中心在选址时需要选择在能够提供必要的数据中心的建设、维护、运营等人力的地区。

7.3　云计算与大数据的发展

7.3.1　云计算与大数据的发展历程

早在1958年，人工智能之父John McCarthy发明了函数式语言LISP，LISP语言后来成为MapReduce的思想来源。1960年，John McCarthy预言："今后计算机将会作为公共设施提供给公众。"这一概念与现在所定义的云计算已非常相似，但当时的技术条件决定了这一设想只是一种对未来技术发展的预言。

云计算是网络技术发展到一定阶段必然出现的新的技术体系和产业模式。1984年，SUN公司提出"网络就是计算机"这一具有云计算特征的论点；2006年，Google公司CEO Eric Schmidt提出云计算概念；2008年，云计算概念全面进入中国，2009年，中国首届云计算大会召开，此后云计算技术和产品迅速发展起来。

随着社交网络、物联网等技术的发展，数据正在以前所未有的速度增长和积累，IDC的研究数据表明，全球的数据量每年增长50%，两年翻一番，这意味着全球近两年产生的数据量将超过之前全部数据的总和。2008年，*Nature*杂志推出了大数据专刊，2011年，*Science*杂志推出大数据专刊，讨论科学研究中的大数据问题。2012年，大数据的关注度和影响力快速增长，成为当年达沃斯世界经济论坛的主题，美国政府启动大数据发展计划。中国计算机学会于2012年成立了大数据专家委员会，并发布了大数据技术白皮书。云计算、大数据两个关键词近年来的网络关注度越来越高，云计算和大数据是信息技术未来的发展方向。

网络技术在云计算和大数据的发展历程中发挥了重要的推动作用。可以认为信息技术的发展经历了硬件发展推动和网络技术推动两个阶段。早期主要以硬件发展为主要动力，在这个阶段硬件的技术水平决定着整个信息技术的发展水平，硬件的每一次进步都有力地推动着信息技术的发展，从电子管技术到晶体管技术再到大规模集成电路，这种技术变革成为产业发展的核心动力。但网络技术的出现逐步地打破了单纯的硬件能力决定技术发展的格局，通信带宽的发展为信息技术的发展提供了新的动力，在这一阶段通信带宽成为信息技术发展的决定性力量之一，云计算、大数据技术的出现正是这一阶段的产物，其广泛应用并不是单纯靠某个人发明，而是由于技术发展到现在的必然产物，生产力决定生产关系的规律在这里依然是成立的。

当前移动互联网的出现并迅速普及，更是对云计算、大数据的发展起到了推动作用。移动客户终端与云计算资源池的结合大大拓展了移动应用的思路，云计算资源得以在移动终端上实现随时、随地、随身资源服务。移动互联网再次拓展了以网络化资源交付为特点的云计算技术的应用能力，同时也改变了数据的产生方式，推动了全球数据的快速增长，推动了大数据技术和应用的发展。

云计算是一种全新的领先信息技术，结合IT技术和互联网实现超级计算和存储的能力，而推动云计算兴起的动力是高速互联网和虚拟化技术的发展、更加廉价且功能强劲的芯片及硬盘、数据中心的发展。云计算作为下一代企业数据中心，其基本形式为大量链接在一起的共享IT基础设施，不受本地和远程计算机资源的限制，可以很方便地访问云中的"虚拟"资源，使用户和云服务提供商之间可以像访问网络一样进行交互操作。具体来讲，云计算的兴起有以下因素。

1．高速互联网技术发展

网络用于信息发布、信息交换、信息收集、信息处理。网络内容不再像早年那样是静态的，门户网站随时在更新着网站中的内容，网络的功能、网络速度也在发生巨大的变化，网络成为人们学习、工作和生活的一部分。网站只是云计算应用和服务的缩影，云计算强大的功能正在移动互联网、大数据时代崭露头角。云计算能够利用现有的IT基础设施在极短的时间内处理大量的信息以满足动态网络高性能的需求。

2．资源利用率需求

能耗是企业特别关注的问题。大多数企业服务器的计算能力使用率很低，但同样需要消耗大量的能源进行数据中心降温。引入云计算模式后可以通过整合资源或采用租用存储空间、租用计算能力等服务来降低企业运行成本和节省能源。同时，利用云计算将资源集中，统一提供可靠服务，能减少企业成本，提升企业灵活性，企业可以把更多的时间用于服务客户和进一步研发新的产品上。

3．简单与创新需求

在实际的业务需求中，越来越多的个人用户和企业用户都在期待着使用计算机操作能简单化，能够直接通过购买软件或硬件服务而不是软件或硬件实体，为自己的学习、生活和工作带来更多的便利，能在学习场所、工作场所、住所之间建立便利的文件或资料共享的纽带。而对资源的利用可以简化到通过接入网络，就可以实现自己想要实现的一切，就需要在技术上有所创新，利用云计算来提供这一切，将人们需要的资料、数据、文档、程序等全部放在云端实现同步。

4．其他需求

连接设备、实时数据流、SOA的采用以及搜索、开放协作、社会网络和移动商务等的移动互联网应用急剧增长，数字元器件性能的提升也使IT环境的规模大幅度提高，从而进一步加强了对一个由统一的云进行管理的需求。个人或企业希望按需计算或服务，能在不同的地方实时实现项目、文档的协同处理，能在繁杂的信息中方便地找到自己需要的信息等需求也是云计算兴起的原因之一。

人类历史不断地证明生产力决定生产关系，技术的发展历史也证明了技术能力决定技术的形态。硬件驱动的时代诞生了IBM、Microsoft、Intel等企业。20世纪50年代最早的网络开始出现，信息产业的发展驱动力中开始出现网络的力量，但当时网络性能很弱，网络并不是推动信息产业发展的主要动力，处理器等硬件的影响还占绝对主导因素。随着网络的发展，网络通信带宽逐步加大，从20世纪80

年代的局域网，到20世纪90年代的互联网，网络逐渐成为推动信息产业发展的主导力量，这个时期诞生了百度、Google、Amazon等公司。直到云计算的出现才标志着网络已成为信息产业发展的主要驱动力，此时技术的变革即将出现。

7.3.2 为云计算与大数据发展作出贡献的科学家

在云计算与大数据的发展过程中不少科学家都作出了重要的贡献。

1. 超级计算机之父——西摩·克雷（Seymour Cray）

在人类解决计算和存储问题的历程中，西摩·克雷被称为超级计算机之父。1958年，西摩·克雷设计建造了世界上第一台基于晶体管的超级计算机，成为计算机发展史上的重要里程碑。同时也对精简指令（RISC）高端微处理器的产生有重大的贡献。1972年，他创办了克雷研究公司，公司的宗旨是只生产超级计算机。此后的十余年中，克雷先后创造了Cray-1、Cray-2等机型。作为高性能计算机领域中最重要的人物之一，他亲手设计了Cray全部的硬件与操作系统。Cray机成为从事高性能计算学者们永远的记忆。

2. 云计算之父——约翰·麦卡锡（John McCarthy）

1951年，约翰·麦卡锡获得普林斯顿大学数学博士学位，他因在人工智能领域的贡献而在1971年获得图灵奖，麦卡锡真正广为人知的称呼是"人工智能之父"，因为他在1955年的达特茅斯会议上提出了"人工智能"这个概念，使人工智能成为一门新的学科。1958年发明了LISP语言，而LISP语言中的MapReduce在几十年后成为Google云计算和大数据系统中最为核心的技术。正是由于他提前半个多世纪就预言了云计算这种新的模式，他被称为"云计算之父"。

3. 大数据之父——吉姆·格雷（Jim Gray）

云计算和大数据是密不可分的两个概念，云计算时代网络的高度发展，每个人都成为数据产生者，物联网的发展更是使数据的产生呈现出随时、随地、自动化、海量化的特征，大数据不可避免地出现在了云计算时代。吉姆·格雷生于1944年，在加州大学伯克利分校计算机科学系获得博士学位，是声誉卓著的数据库专家，1998年度的图灵奖获得者，2007年1月11日在美国国家研究理事会计算机科学与通信分会上，他明确地阐述了科学研究第四范式，认为依靠对数据分析挖掘也能发现新的知识，这一认识吹响了大数据前进的号角，计算应用于数据的观点在当前的云计算大数据系统中得到了大量体现。

7.3.3 中国云计算与大数据的发展现状

云计算与大数据概念进入中国以来，中国高度重视云计算产业和技术的发展，电子学会率先成立了云计算专业委员会，并在2009年举办了第一届中国云计算大会，该委员会在大会后来每年举办一次，成为云计算领域的一个重要会议。同时每年出版一本《云计算技术发展报告》，报道当年云计算的发展状况。计算机学会于2012年成立了大数据专家委员会，2013年发布了《中国大数据技术与产业发展白皮书》，并举办了第一届CCF大数据学术会议。

中国的研究机构也纷纷开展云计算、大数据研究工作。例如，清华大学、中国科学院计算所、华中科技大学、成都信息工程学院并行计算实验室都在开展相关的研究工作。科研人员逐步发现在云计算的新体系下，有大量需要研究解决的问题。自"第四范式"提出后，数据成为科学研究的对象，大数据概念成为云计算之后信息产业的又一热点，成为科研领域研究的热点。

中国的企业也对云计算、大数据给予了高度关注，华为、中兴、阿里、腾讯都宣布了自己庞大的云计算计划。这些企业多年来积累的数据在大数据时代将发挥巨大作用。数据分析、数据运营的作用已经显现出来，拥有用户数据的IT企业对传统的行业产生了巨大影响，"数据为王"的时代正在到来。

7.4 云计算与大数据的相关技术

与大数据相比，云计算更像是对一种新的技术模式的描述，而不是对某一项技术的描述，而大数据则较为确切地与一些具体的技术相关联。目前新出现的一些技术（如Hadoop、HPCC、Storm等）都较为确切地与大数据相关，同时并行计算技术、分布式存储技术、数据挖掘技术等传统计算机学科在大数据条件下又再次萌发出生机，并在大数据时代找到了新的研究内容。

大数据其实是对面向数据计算技术中数据量的形象描述，通常又称海量数据。云计算整合的资源主要是计算和存储资源，云计算技术的发展也清晰地呈现出两大主题——计算和数据。伴随这两大主题，出现了云计算和大数据这两个热门概念，任何概念的出现都不是偶然的，取决于当时的技术发展状况。

目前提到云计算时，有时将云存储作为单独的一项技术对待，只是把网络化的存储笼统地称为云存储。事实上在面向数据的时代，不管是出现了云计算的概念还是大数据的概念，存储都不是一个独立存在的系统。特别是在集群条件下，计算和存储都是分布式的，如何让计算"找"到自己需要处理的数据，是云计算系统需要具有的核心功能。面向数据要求计算是面向数据的，那么数据的存储方式将会深刻影响计算实现的方式。这种在分布式系统中实现计算和数据有效融合，从而提高数据处理能力，简化分布式程序设计难度，降低系统网络通信压力，从而使系统能有效地面对大数据处理的机制，称为计算和数据的协作机制。在这种协作机制中计算如何找到数据，并启动分布式处理任务的问题，是需要重点研究的课题，这一问题被称为计算和数据的位置一致性问题。

面向数据也可以更准确地称为"面向数据的计算"，面向数据要求系统的设计和架构是围绕数据为核心展开的，面向数据也是云计算系统的一个基本特征，而计算与数据的有效协作是面向数据的核心要求。回顾计算机技术的发展历程，可以清晰地看到计算机技术从面向计算逐步转变到面向数据的过程。从面向计算到面向数据是技术发展的必然趋势，并不能把云计算的出现归功于任何个人和企业。

在计算机技术的早期由于硬件设备体积庞大，价格昂贵，这一阶段数据的产生还是"个别"人的工作。这个时期的数据生产者主要是科学家或军事部门，他们更关注计算机的计算能力，计算能力的高低决定了研究能力和一个国家军事能力的高低。另外，人类早期知识的发现主要依赖于经验、观察和实验，需要的计算和产生的数据都是很少的。当人类知识积累到一定程度后，知识逐渐形成理论体系。计算机的出现为人类发现新的知识提供了重要工具。计算机早期的作用主要是计算，现在人类在一年内所产生的数据可能已经超过人类过去几千年产生的数据的总和。可以利用海量数据加上高速计算发现新的知识，计算和数据的关系在面向数据时代变得十分紧密，也使计算和数据的协作问题面临巨大的技术挑战。

7.5　云计算与大数据技术是物联网发展的助推器

1. 云计算、大数据和物联网

云计算和物联网出现的时间非常接近，以至于有一段时间云计算和物联网两个名词总是同时出现在各类媒体上。物联网的出现得益于移动通信网络和大数据计算能力的发展，大量传感器数据的收集需要良好的网络环境，特别是部分图像数据的传输，更是对网络的性能有较高的要求。在物联网技术中传感器的大量使用使数据的生产实现自动化，数据生产的自动化也是推动当前大数据技术发展的动力之一。

物联网可以认为是对一类应用的称呼，物联网与云计算技术、大数据处理能力的关系实际是应用与平台的关系。

物联网系统需要大量的存储资源来保存数据，同时也需要计算资源来处理和分析数据，当前物联网传感器连接呈现出以下的特点：连接传感器种类多样、连接的传感器数量众多、连接的传感器地域广大。这些特点都会导致物联网系统在运行过程中产生大量的数据，物联网的出现使数据的产生实现自动化，大量的传感器数据不断地在各个监控点产生，特别是现在信息采样的空间密度和时间密度不断增加，视频信息的大量使用，这些因素也是目前导致大数据概念出现的原因之一。换言之，物联网的实质就是大数据的具体应用，而云计算是应用的展示。

2. 云计算、大数据助力物联网

物联网的产业链可以细分为标识、感知、处理和信息传送四个环节，每个环节的关键技术分别为RFID、传感器、智能芯片和电信运营商的无线传输网络。大数据处理最终以云计算的形式提供，云计算的出现使物联网在互联网基础之上延伸和发展成为可能。物联网中的物，在云计算平台中，相当于是带上传感器的云终端，与上网笔记本、手机等终端功能相同。这也是物联网在云计算日渐成熟的今天，重新被激活的原因之一。新的平台必定造就新的物联网，云计算、大数据技术将给物联网带来以下深刻变革。

（1）解决服务器节点的不可靠性问题，最大限度降低服务器的出错率

近年来，随着物联网从局域网走向城域网，其感知信息也呈指数型增长，同时导致服务器端的服务器数目呈线性增长。服务器数目多了，节点出错的概率肯定也随之变大，更何况服务器并不便宜。

节点不可信问题使得一般的中小型公司要想独自撑起一片属于自己的天空，那是难上加难。

而在云计算模式中，因为"云"有成千上万、甚至上百万台服务器，即使同时故障几台，"云"中的服务器也可以在很短时间内，利用冗余备份、热拔插、RAID等技术快速恢复服务。

（2）低成本的投入换来高收益，让限制访问服务器次数的瓶颈成为历史

服务器相关硬件资源的承受能力都有一定范围，当服务器同时响应的数量超过自身的限制时，服务器就会崩溃。而随着物联网领域的逐步扩大，物的数量呈几何级增长，而物的信息也呈爆炸性增长，随之而来的访问量空前高涨。

因此，为了让服务器能安全可靠地运行，只有不断增加服务器的数量和购买更高级的服务器，或者限制同时访问服务器的数量。然而这两种方法都存在致命的缺点：服务器的增加，虽能通过大量的经费投入解决一时的访问压力，但设备的浪费却是巨大的。而采用云计算技术，可以动态地增加或减少云模式中服务器的数量和提高质量，这样做不仅可以解决访问的压力，还经济实惠。

（3）让物联网从局域网走向城域网甚至是广域网，在更广的范围内进行信息资源共享

局域网中的物联网就像是一个超市，物联网中的物就是超市中的商品，商品离开这个超市到另外的超市，尽管它还存在，但服务器端该物体的信息会随着它的离开而消失。其信息共享的局限性不言而喻。

但通过云计算技术，物联网的信息直接存放在互联网的"云"上，而每个"云"有几百万台服务器分布在全国甚至是全球的各个角落，无论这个物走到哪儿，只要具备传感器芯片，"云"中最近的服务器就能收到它的信息，并对其信息进行定位、分析、存储、更新。用户的地理位置也不再受限制，只要通过互联网就能共享物体的最新信息。

（4）将云计算与大数据挖掘技术相结合，增强物联网的数据处理能力

伴随着物联网应用的不断扩大，业务应用范围从单一领域发展到各行各业，信息处理方式从分散到集中，产生了大量的业务数据。

运用云计算技术，由云模式下的几百万台计算机集群提供强大的计算能力，并通过庞大的计算机处理程序自动将任务分解成若干个较小的子任务，快速地对海量业务数据进行分析、处理、存储、挖掘，在短时间内提取出有价值的信息，为物联网的商业决策服务。这也是将云计算技术与大数据挖掘技术相结合给物联网带来的一大竞争优势。

3. 云计算技术面临的问题

任何技术从萌芽到成型，再到成熟，都需要经历一个过程。云计算技术作为一项有着广泛应用前景的新兴前沿技术，也面临着一些问题。

（1）标准化问题

虽然云平台解决的问题一样，架构一样，但基于不同的技术、应用，其细节很可能完全不同，从而导致平台与平台之间可能无法互通。目前在Google、EMC、Amazon等云平台上都存在许多云技术打造的应用程序，却无法跨平台运行。这样一来，物联网的网与网之间的局限性依旧存在。

（2）安全问题

物联网从专用网到互联网，虽然信息分析、处理得到了质的提升，但同时网络安全性也遇到了前所未有的挑战。互联网上的各种病毒、木马以及恶意入侵程序让架于云计算平台上的物联网处于非常尴尬的境地。

云计算作为互联网全球统一化的必然趋势，目前云计算的应用还处在探索测试阶段，但随着物联网界对云计算技术的关注以及云计算技术的日趋成熟，云计算技术在物联网中的广泛应用指日可待。

小　　结

本章阐述了云计算与大数据概念、发展及相关技术，提出云计算与大数据技术是物联网发展的助推器，使学生面对云计算与大数据技术的快速发展能以不变应万变。

习　　题

一、简答题

1. 简述云计算的特点。

2. 简述云计算技术的分类方法。

3. 简述主要的大数据处理系统。

4. 简述大数据处理的基本流程

二、实践题

1. 在互联网上检索有关云计算技术发展的最新研究成果，并写出综述。

2. 讨论大数据时代计算和数据的关系。

第 ⑧ 章　物联网的安全

随着物联网等新技术的兴起和由此带来的产业变革、信息安全问题日益凸显，如物联网设备的本地安全问题和在传输过程中端到端的安全问题等，信息安全正在告别传统的病毒感染、网站被黑及资源滥用等阶段，迈进了一个复杂多元、综合交互的新时期。

8.1　信 息 安 全

信息安全是指信息网络的硬件、软件及其系统中的数据受到保护，不受偶然的或者恶意的原因而遭到破坏、更改、泄露，系统连续可靠正常地运行，信息服务不中断。是一门涉及计算机科学、网络技术、通信技术、密码技术、信息安全技术、信息论等多种学科的综合性学科。国际标准化组织已明确将信息安全定义为"信息的完整性、可用性、保密性和可靠性"。

8.1.1　信息安全的内涵

信息安全是一门以人为主，涉及技术、管理和法律的综合学科，同时与个人道德意识等方面紧密相关。信息安全有以下几个基本属性。

1. 保密性

保密性指信息不被泄露给非授权的用户、实体或进程，或被其利用的特性。主要包括信息内容的保密和信息状态的保密。常用的技术有防侦听、防辐射、信息加密、物理保密、信息隐形。

2. 完整性

完整性指信息未经授权不能进行更改的特性，即信息在存储或传输过程中保持不被偶然或蓄意地删除、修改、伪造、乱序、重放、插入等破坏和丢失的特性。主要因素包括设备故障、误码、人为攻击、计算机病毒等；主要保护方法有协议、纠错编码、密码校验和、数字签名、公证等。

3. 可用性

可用性指信息可被授权实体访问并按需求使用的特性。可用性是综合性的度量，涉及面广，主要有硬件可用性、软件可用性、人员可用性、环境可用性。

4. 可控性

可控性指能够控制使用信息资源的人或实体的使用方式。主要包括信息的可控、安全产品的可控、安全市场的可控、安全厂商的可控、安全研发人员的可控等。

5. 不可否认性

不可否认性又称抗抵赖性，是防止实体否认其已经发生的行为。包括原发不可否认与接收不可否认。

6. 可追究性

可追究性指确保某个实体的行动能唯一地追溯到该实体。

8.1.2 信息安全体系结构

信息安全体系结构包括以下方面。

① 安全服务。包括认证、访问控制、数据保密性、数据完整性、不可否认等。

② 安全机制。包括加密机制、数字签名机制、访问控制机制、数据完整性机制、鉴别交换机制、业务填充机制、路由控制机制、公证机制等。

③ 安全管理。包括系统安全管理、安全机制管理、安全服务管理等。

另外，信息保障的三要素包括人、技术、操作。信息保障源于人员执行技术支持的操作，要满足信息保障的目的，就要达到人、技术和操作三者之间的平衡。

8.1.3 物联网信息安全的分类

物联网的构成3要素包括传感器、传输系统及处理系统。因此，物联网的信息安全形态主要涉及以下三方面。

① 就物理安全而言，主要表现在传感器的安全方面。包括对传感器的干扰、屏蔽、信号截获等。

② 就运行安全而言，则存在于物联网的各个要素中。即涉及传感器、传输系统及信息处理系统的正常运行，这方面与传统的信息安全基本相同。

③ 数据安全也是存在于物联网的各个要素中。要求在传感器、传输系统、信息处理系统中的信息不会出现被窃取、被篡改、被伪造、被抵赖等性质。

在物联网系统中，海量的传感器与传感器网络所面临的安全问题比传统的信息安全更为复杂，可能会因为环境、能量等受限的问题而不能运行过于复杂的保护体系。因此，物联网的信息安全具有一定独特性。

① 可用性是从体系上来保障物联网的健壮性、可生存性。

② 机密性是要构建整体的加密体系来保护物联网的数据隐私。

③ 可鉴别性是要构建完整的信任体系来保证所有的行为、来源、数据的完整性等都是真实可信的。

④ 可控性是物联网最为特殊的地方，是要采取措施来保证物联网不会因为错误而带来控制方面的

灾难。包括控制判断的冗余性、控制命令传输渠道的可生存性、控制结果的风险评估能力等。

总之，物联网安全既蕴含着传统信息安全的各项技术需求，又包括物联网自身特色所面临的特殊需求等。

8.2 无线传感器网络的安全

无线传感器（WSN）作为一种新兴技术，它的应用前景非常广泛，主要表现在军事、环境、健康、家庭和其他商业领域等方面。随着无线传感器网络研究的深入和不断走向实用，安全问题引起人们的极大关注。WSN与安全相关的特点主要表现在：①资源受限，通信环境恶劣；②部署区域的安全无法保证，节点易失效；③网络无基础框架；④部署前地理位置具有不确定性。

8.2.1 WSN可能受到的攻击分类

1. 节点的捕获

WSN在开放环境中大量分布的传感器节点易受物理攻击。例如，攻击者破坏被捕获传感器节点的物理结构，或者基于物理捕获从中提取密钥，撤出相关电路，修改其中的程序，或者在攻击者的控制下用恶意程序取代它们。这类破坏是永久性的、不可恢复。

2. 违反机密性攻击

WSN的大量数据能被远程访问加剧了机密性威胁。攻击者能够以一种低风险、匿名的方式收集信息，它可以同时检测多个站点。通过监听数据，敌方容易发现通信的内容，或分析得出与机密通信相关的知识。

3. 拒绝服务攻击

针对WSN的拒绝服务攻击包括黑洞、资源耗尽、方向误导、虫洞攻击和泛洪攻击等，它们直接威胁WSN的可用性。

4. 假冒的节点和恶意的数据

入侵者加一个节点到系统中，向系统输入伪造的数据或阻止真正数据的传递，或插入恶意代码节点，潜在地破坏真正的网络，敌方可能控制整个网络。

5. 女巫攻击

女巫攻击（Sybil）指恶意的节点向网络中的其他节点非法地提供多个身份。Sybil利用多身份特点，威胁路由算法、数据融合、投票、公平资源分配和阻止不当行为的发现。如对位置敏感的路由协议的攻击，依赖于恶意节点的多身份产生多个路径。

6. 路由威胁

WSN路由协议的安全威胁分为外部攻击和内部攻击两个方面。外部攻击包括注入错误路由信息、篡改路由信息等，攻击者通过这些方式能够成功分离一个网络或者向网络中引入大量的流量，一起重传无效的路由消耗系统有限的资源。内部攻击是指一些内部被攻陷的节点发送恶意的路由信息给别的节点，这类节点能生成有效的签名，要发现内部的攻击更困难。

8.2.2 WSN物理攻击的防护方法

WSN对抗物理攻击的一种方法是，当它感觉到一个可能的攻击时实施自销毁，包括破坏所有的数据和密钥，这在拥有足够冗余信息的传感器网络中是一个切实可行的解决方案。关键在于发现物理攻击，一个简单的解决方案是定期进行邻居核查。

物理攻击可能通过手动微探针探测、激光切割、聚集离子束操纵、短时脉冲波形干扰、能量分析等方法实现，相应的防护手段包括在任何可观察的反应和关键操作间加入随机时间延迟、设计多线程处理器在两个以上的执行线程间随机地执行指令、建立传感器自测试功能，使得任何拆开传感器的企图都将导致整个器件功能的损坏、测试电路的结构破坏或失效。

8.2.3 WSN实现机密性的方法

1. 针对消息截取

对称密码加密是确保传感器网络机密性的标准解决方案。密码分组链接模式是传感器网络最适合的密码操作模式。针对流量分析攻击，对抗流量分析的方法是使用随机转发技术，偶尔转发一个数据包给一个随机选定的节点，使得清晰的区分从节点到基站的路径更为困难，也有助于减弱门限监视攻击；为了增强其对抗时间相关攻击的能力，可使用不规则传播策略。

2. 密钥管理

密码技术是提供机密性、完整性和真实性等安全服务的基本技术，但传感器网络有限的资源和无线通信特征决定了密钥管理的困难性。

无线传感器网络将在下一代网络中发挥关键性作用。由于无线传感器网络本身在计算能力、存储能力、通信能力、电源能量、物理安全和无线通信等方面存在固有的局限性和脆弱性。因此，无线传感器网络安全问题是一个重大的挑战。

8.3 RFID的安全

RFID系统容易受到各种攻击，主要由于标签和阅读器之间的通信是通过电磁波的形式实现的，中间没有任何物理接触，这种非接触和无线通信存在严重的安全隐患。同时，由于RFID标签的成本和功耗受限，都极大地限制系统的处理运算能力和安全算法实现能力，进一步增加了系统的安全隐患，安全缺陷主要表现在以下3方面。

1. RFID标识自身访问的安全性问题

由于标签成本、工艺和功耗受限，其本身并不包含完善的安全模块，很容易被攻击者操控，其数据大多采用简单的加密机制进行传输，很容易被复制、篡改甚至删除。特别是对于无源标签，由于缺乏自身能量供应系统，标签芯片很容易受到"耗尽"攻击。未授权用户可以通过合法的阅读器直接与RFID标签进行通信。这样，就可以很容易地获取RFID标识中的数据并能够修改。此外，标签的一致开放性对于个人隐私、企业利益和军事安全都形成了风险，容易造成隐私泄露。

2. 通信信道的安全性问题

由于RFID使用的是无线通信信道，这就容易遭受攻击。具体表现在以下方面。

① 攻击者可以非法截取通信数据。

② 可以通过发射干扰信号堵塞通信链路，使得阅读器过载，无法接收正常的标签数据，制造拒绝服务攻击。

③ 可以冒名顶替向RFID发送数据，篡改或伪造数据。

④ 攻击者可以利用非法的阅读器拦截数据。

⑤ 可以阻塞通信信道进行攻击。

⑥ 可以假冒用户身份篡改、删除标签数据等。该环节是RFID系统安全研究的重点。

所以，RFID系统的通信链路包括前端标签到阅读器的空中接口无线链路和后端阅读器到后台系统的计算机网络。在前端空中接口链路中，由于无线传输信号本身具有开放性，使得数据安全十分脆弱，给非法用户的非法操作带来了方便。在后端通信链路中，系统面临着传统计算机网络普遍存在的安全问题，属于传统信息安全的范畴，具有相对成熟的安全机制，可以认为具有较好的安全性。

3. RFID阅读器的安全性问题

RFID阅读器自身可以被伪造；RFID阅读器与主机之间的通信可以采用传统的攻击方法截获。因而，阅读器同样存在和其他计算机终端数据类似的安全隐患，也是攻击者要攻击的对象。

4. RFID安全解决方案

RFID安全和隐私保护与成本之间是相互制约的。优秀的RFID安全技术解决方案应该是平衡安全、隐私保护与成本的最佳方案。现有的RFID安全和隐私技术可以分为两大类：一类是通过物理方法阻止标签与阅读器之间通信；另一类是通过逻辑方法增加标签安全机制。其中物理方法包括：Kill标签、法拉第网罩、主动干扰和阻止标签等。

8.4 云计算面临的安全挑战

云计算是计算模式的一场重大变革，具有重要意义。目前，云计算仍然处于被接纳的早期状态。在取得广泛接纳之前，云计算需要解决一系列问题，要说服企业将IT服务迁移至云计算服务商的数据中心，要保证的问题就是安全问题。因此，安全问题成为制约云计算发展的首要条件。

8.4.1 云计算存在的安全威胁

1. 云计算安全威胁

云计算安全威胁大致可以分为如下类型：对云计算的滥用和恶意使用、不安全应用开发接口、恶意的内部人员、共享技术的缺陷、数据损失、账户及服务通信劫持、未知风险度量等。

2. 云计算中的安全研究

针对云计算中的安全研究分为3个主要方向：①云计算的基础结构安全，包括应用层安全、主机安全及网络安全；②云计算的数据安全，包括数据加密、数据隐藏、内容保护等；③云计算中的安全管理与监控服务，监控包括健康监控、安全事件监控等，管理包括虚拟机影像的管理、访问控制管理、漏洞管理、补丁管理与系统配置管理等。

8.4.2 云计算安全的目标和策略

1. 云计算安全目标

云计算安全问题的挑战主要来自于如何在云计算环境下保护用户的数据、保证可管理性和性能。实现云计算安全的4个具体目标是安全的可见性、可评估性、可信任性和可提供合规证明。

2. 云计算安全策略

云端面临的安全问题主要有数据丢失/泄露、账户及服务通信劫持、共享技术漏洞、不安全的应用程序接口、没有正确运用云计算等。云端虚拟化分类很多，面临诸如利用虚拟化技术隐藏病毒、特洛伊木马及其他各种恶意软件等安全问题。其应对策略可从以下几个角度思考：①重新定义以虚拟主机为基础的安全政策；②使用在虚拟基础设施中运行的虚拟安全网关；③加强对非法及恶意的虚拟机流量监视。

云计算所面临的安全问题，主要体现在计算模式、存储模式和运营模式3个方面。具体来讲：①在计算模式上有访问权、管理权和使用权等问题；②在存储模式上有数据隔离、数据清除、数据备份和时限恢复等问题；③在运营模式上有法规遵从、持续运营、国家风险等问题。其应对措施可以从安全接入、认证授权、协同防护、数据加密、集中运维5个角度思考。

8.4.3 云计算的安全标准

随着云计算应用模式的不断推广，产业化形态的日趋形成，云安全被认为是决定云计算能否生存下去的关键问题，针对云计算安全问题的解决思路中，云计算安全标准体系的建设，相关标准的研究和制定成为业界的一致诉求。国际上主要研究云计算标准的组织及相关研究概况如下。

1. ISO/IEC JTC1/SC27

ISO/IEC JTC1/SC27是国际标准化组织（ISO）和国际电工委员会（IEC）的信息技术联合技术委员会（JTC1）下专门从事信息安全标准化的分技术委员会（SC27），是信息安全领域中最具代表性的国际标准化组织。SC27下设5个工作组，工作范围广泛地覆盖了信息安全管理和技术领域。目前，SC27已基本确定了云计算安全和隐私的概念体系架构，明确了SC27关于云计算安全和隐私标准研制的3个领域。

2. 国际电信联盟电信标准分局

国际电信联盟电信标准分局（ITU-T）创建于1993年，前身是国际电报电话咨询委员会（CCITT），总部设在瑞士日内瓦。成员主要来自世界上大多数电信业务提供商、软件生产商等。ITU-T于2010年6月成立了云计算焦点组，致力于从电信角度为云计算提供支持。云计算焦点组发布了包含《云安全》和《云计算标准制定组织综述》在内的7份技术报告。

3. 云安全联盟

云安全联盟（Cloud Security Alliance，CSA）是在2009年4月的RSA（信息安全）大会上宣布成立的一个非营利性组织。成员包括100多家来自全球IT企业，并与ITU、ENISA等20家标准组织及机构合作，在云安全最佳实践与标准制定方面具有很大的影响力。

4. 美国国家标准与技术研究院

美国国家标准与技术研究院（National Institute of Standard and Technology，NIST）直属美国商务部，提供标准、标准参考数据及有关服务，在国际上享有很高的声誉，前身为国家标准局。NIST成立了以下5个工作组：云计算参考架构和分类工作组、云计算应用标准推进工作组、云计算安全工作组、云计算标准路线图工作组和云计算业务用例工作组。

5. 欧洲网络与信息安全管理局

2004年3月，为提高欧共体范围内网络与信息安全的级别，提高欧共体、成员国以及业界团体对于网络与信息安全问题的防范、处理和响应能力，培养网络与信息安全文化，欧盟成立了"欧洲网络与信息安全管理局（the European Network and Information Security Agency，ENISA）"，总部设在希腊的伊拉克利翁。

6. 分布式管理任务组

分布式管理任务组（Distributed Management Task Force，DMTF）成立于1992年，目标是联合整个IT行业协同起来开发、验证和推广系统管理标准，帮助全世界范围内简化管理，降低IT管理成本。DMTF组织到2010年8月底为止共有160家公司和组织成员，4000个积极参加者，董事会成员有Dell、HP、IBM、Cisco、Intel、AMD、Oracle、Microsoft、EMC、CA、Citrix、VMware、Hitachi、Fujitsu、Broadcom等15家公司。

7. 中国通信标准化协会

中国通信标准化协会（China Communications Standards Association，CCSA）于2002年12月18日在北京正式成立。协会是国内企、事业单位自愿联合组织起来，经业务主管部门批准，国家社团登记管理机关登记，开展通信技术领域标准化活动的非营利性法人社会团体。相关云安全标准有《移动环境下云计算安全技术研究》《电信业务云安全需求和框架》等。

8. 中国信息安全标准化技术委员会

中国信息安全标准化技术委员会（TC260）成立于1983年，受国家标准化管理委员会和工业和信息化部的共同领导，下设17个技术委员会和10个直属工作组。专注于云计算安全标准体系建立及相关标准的研究和制定，成立了多个云计算安全标准研究课题组，承担并组织协调政府机构、科研院校、企业等开展云计算安全标准化研究工作。完成《云计算安全及标准研究报告V1.0》《政府部门云计算安全》《基于云计算的因特网数据中心安全指南》等标准。

目前可借鉴的信息安全领域标准：在身份认证与隐私保护方面有《隐私保护框架》《隐私参照体系架构》等标准；在数据隐私与安全方面有《公钥基础设施安全支撑平台技术框架》《证书认证系统密码及其相关安全技术规范》等标准；在风险评估方面有《信息安全管理系统》《风险管理——风险评估技术》等标准。目前，云安全的标准化尚处于初级阶段，标准和互操作问题成为云计算发展的瓶颈，众多标准组织都把云的互操作、业务迁移和安全列为云计算3个重要的标准化方向。

8.5　物联网的安全体系

随着物联网建设的加快，物联网安全问题必然成为制约物联网全面发展的重要因素。物联网应具备3个主要特征：全面感知、可靠传递、智能处理。因此，在分析物联网安全特性时，也相应地将其分为3个逻辑层：感知层、网络层和应用/中间件层，如图8.1所示。

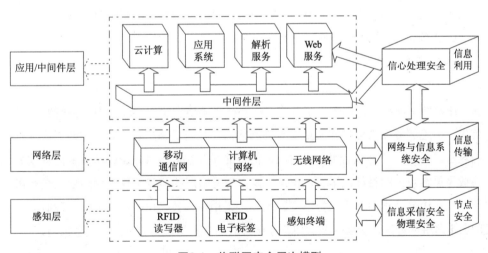

图8.1　物联网安全层次模型

物联网安全的总体需求就是信息采集安全、信息传输安全和信息应用安全等的综合，安全的最终目标是确保信息的机密性、完整性、真实性和网络的容错性。

8.5.1 感知层安全

物联网感知层涉及的关键技术包括传感器、RFID、自组织网络、短距离无线通信、低功耗路由等。8.2节提到的无线传感器网的安全。无线传感器网络安全技术主要包括基本安全框架、密钥分配、安全路由和入侵检测和加密技术等。

8.3节提到的RFID的安全。采用RFID技术的网络涉及主要安全问题有：①标签本身的访问缺陷。任何用户都可以通过合法的阅读器读取RFID标签。标签的可重写性使得标签中数据的安全性、有效性和完整性都得不到保证。②通信链路的安全。③移动RFID的安全。主要存在假冒和非授权服务访问的问题。目前，实现RFID安全性机制所采用的方法主要有物理方法、密码机制及两者结合的方法。

8.5.2 网络层安全

物联网的网络层安全一方面体现在来自物联网本身的架构、接入方式和各种设备的安全问题；另一方面体现在物联网的网络核心层的安全问题。物联网的接入层采用移动互联网、有线网、Wi-Fi、WiMAX等各种无线接入技术。

1. Wi-Fi安全

与有线网络相比，Wi-Fi由于传输介质的开放性、用户的移动性，经常遇到各方面的威胁。Wi-Fi的无线加密方式主要有WEP协议、WPA协议和WPA2协议。Wi-Fi设备本身的安全级别很高，在工作和生活中采取以下方法：①不要使用来源不明的Wi-Fi；②登录网站不要选"记住密码"；③关闭Wi-Fi自动连接；④尽量不要在公共网络上使用网上银行等服务。

2. 物联网核心网络安全

进行数据传输的网络相关安全问题主要依赖于传统网络技术，其面临的最大问题是现有的网络地址空间短缺。IPv4网络环境中大部分安全风险在IPv6网络环境中仍将存在，而且某些安全风险变得更加严重。首先，拒绝服务攻击等异常流量攻击仍然猖獗，甚至更为严重，以及IPv6协议本身机制的缺陷所引起的攻击。其次，针对域名服务器的攻击仍将继续存在，而且在IPv6网络中提供域名服务的服务器更容易成为黑客攻击的目标。第三，IPv6协议作为网络层的协议，仅对网络层安全有影响，其他各层的安全风险在IPv6网络中仍将保持不变。此外，采用IPv6替换IPv4协议需要一段时间，向IPv6过渡只能采用逐步演进的办法，为解决两者间互通所采取的各种措施将带来新的安全风险。

8.5.3 应用/中间件层安全

应用/中间件层的安全挑战和安全需求主要来自以下几个方面。如8.4节提到的云计算面临的安全挑战。如何根据不同访问权限对同一数据库内容进行筛选？如何提供用户隐私信息保护，同时又能正确认证？如何解决信息泄露追踪问题？如何进行计算机取证？如何销毁计算机数据？如何保护电子产品和软件的知识产权？

　　基于物联网综合应用层的安全挑战和安全需求，需要如下安全机制：有效的数据库访问控制和内容筛选机制；不同场景的隐私信息保护技术；叛逆追踪和其他信息泄露追踪机制；有效的计算机取证技术；安全的计算机数据销毁技术；安全的电子产品和软件的知识产权保护技术。

　　针对这些安全架构，需要发展相关的密码技术，包括访问控制、匿名签名、匿名认证、密文验证、门限密码、叛逆追踪、数字水印和指纹技术等。

　　物联网安全研究是新兴的领域，任何安全技术都伴随着需求而生。物联网的安全研究将始终贯穿于我们的生活。

小　结

　　本章阐述了信息安全、无线传感器网络安全、RFID安全、云计算面临的安全挑战以及物联网安全体系。随着RFID技术、传感器技术和云计算等技术的不断发展和完善，物联网的安全问题不容忽视。

习　题

简答题

1. 简述信息安全的相关技术。

2. 无线传感器网络的安全策略有哪些？

3. 云计算面临的安全挑战在哪些方面？

4. RFID技术的安全问题有哪些？

5. 物联网安全体系是如何构建的？

6. 物联网感知层主要涉及哪些感知技术安全？

7. 云计算安全组织和标准有哪些？

第 ⑨ 章 物联网的应用

目前，物联网产业的发展主要集中在电力、交通、能源、医疗、建筑、制造、家居等应用领域。智能电网、智能交通和智能家居是发展较快的物联网典型应用。完整体现了物联网3个主要特征：全面感知、可靠传递、智能处理。下面进行重点介绍。

9.1 智 能 电 网

智能电网是物联网重要的应用场景之一。通过智能电表和集中器等采集设备的部署及规模组网，通过云计算、大数据技术完善信息采集与处理、信息分析、信息集成、信息显示、信息安全等系统功能，将传统电网转型成由传感测量技术、通信技术、信息技术、计算机技术和控制技术高度集成的新型智能电网。

9.1.1 智能电网的定义

智能电网概念是2003年由美国作为对未来电网的构想而提出的，目前对智能电网虽然没有形成统一的定义，比较有代表性的智能电网的定义或解释如下：

1. 美国能源部《Grid 2030》

将智能电网描述为：一个完全自动化的电力传输网络，能够监视和控制每个用户和电网节点，保证从电厂到终端用户整个输配电过程中，所有节点之间的信息和电能的双向流动。

2. 美国电力科学研究院

将智能电网描述为：是一个由众多自动化的输电和配电系统构成的电力系统，以协调、有效和可靠的方式实现所有的电网运作。具有自愈功能，快速响应电力市场和企业业务需求，具有智能化的通信架构，实现实时、安全和灵活的信息流，为用户提供可靠、经济的电力服务。

3. 国家电网中国电力科学研究院

将智能电网定义为：以物理电网为基础，将现代先进的传感测量技术、通信技术、信息技术、计算机技术和控制技术与物理电网高度集成而形成的新型电网。

充分满足用户对电力的需求、优化资源配置；确保电力供应的安全性、可靠性和经济性；满足环保约束；保证电能质量、适应电力市场化发展。实现对用户可靠、经济、清洁、互动的电力供应和增值服务。

4．中国物联网校企联盟

将智能电网描述为：智能电网由很多部分组成，可分为智能变电站、智能配电网、智能电能表、智能交互终端、智能调度、智能家电、智能用电楼宇、智能城市用电网、智能发电系统和新型储能系统等。

9.1.2　智能电网相关技术

1．智能调度技术

智能调度是智能电网建设中的重要环节，智能调度技术则是智能调度研究与建设的核心，能够全面提升调度系统资源优化配置，提高纵深风险防御能力、科学决策管理能力、灵活高效调控能力和公平友好市场调配能力。

现有的调度自动化系统面临着许多问题，包括非自动、信息杂乱、控制过程不安全、集中式控制方法缺乏、事故决策困难等。为适应大电网、特高压以及智能电网的建设运行管理要求，实现调度业务的科学决策、电网运行的高效管理、电网异常及事故的快速响应，必须对智能调度加以分析研究。

2．高级电力电子技术

电力电子技术是利用电力电子器件对电能进行变换及控制的一种现代技术，节能效果显著。可减少机电设备的体积，能够实现最佳工作效率。目前，电力电子产业出现了柔性交流输电技术、高压直流输电技术等。

柔性交流输电技术是新能源、清洁能源的大规模接入电网系统的关键技术之一，将电力电子技术与现代控制技术相结合，通过对电力系统参数的连续调节控制，从而大幅降低输电损耗、提高输电线路输送能力和保证电力系统稳定水平。

高压直流输电技术对于远距离输电具有独特的优势。其中，轻型直流输电系统使中型的直流输电工程具有短距离输送能力。此外，可关断器件组成的换流器，还可向海上石油平台、海岛等孤立小系统供电，未来还可用于城市配电系统。

3．分布式能源接入技术

智能电网的核心是构建具备智能判断与自适应调节能力的分布式管理的智能化网络系统，对电网与用户用电信息进行实时监控和采集，采用最经济与最安全的输配电方式将电能输送给终端用户，实现对电能的最优配置与利用，提高电网运营的可靠性和能源利用效率。

分布式电源的种类很多，包括小水电、风力发电、光伏电源、燃料电池和储能装置（如飞轮、超级电容器、超导磁能存储、液流电池和钠硫蓄电池等）。一般来说，其容量从1 kW到10 MW。分布式电源由于靠近负荷中心，降低了对电网扩展的需要，并提高了供电可靠性，因而得到广泛采用。

4．先进的控制技术

先进的控制技术是指智能电网中分析、诊断和预测状况，采取适当的措施消除、减轻和防止供电中断等。这些技术将提供对输电、配电和用户侧的控制方法，可以管理整个电网的有功和无功。从某种程度上说，先进控制技术紧密依靠并服务于其他关键技术领域。例如，先进控制技术监测基本的元件（参数量测技术），提供及时和适当的响应（集成通信技术、先进设备技术），对任何事件进行快速诊断（先进决策技术）。

先进控制技术具有的特点：①收集数据和监测电网元件；②分析数据；③诊断和解决问题；④为运行人员提供信息和选择。

9.1.3 智能电网信息管理系统

智能电网中的信息管理系统主要包括信息采集与处理、信息分析、信息集成、信息显示、信息安全5个功能。

1. 信息采集与处理

信息采集与处理主要包括实时数据采集系统、分布式数据采集处理服务和智能电子设备资源的动态共享、大容量高速存取、冗余备用和精确数据对时等。

2. 信息分析

对经过采集、处理和集成后的信息进行业务分析，是开展电网相关业务的重要辅助工具。包括发电计划、停电管理、资产管理、维护管理、生产优化、风险管理、市场运作、负荷管理、客户关系管理、财务管理、人力资源管理等业务模块分析。

3. 信息集成

智能电网的信息系统在纵向上要实现产业链信息集成和电网信息集成，横向上要实现各级电网企业内部业务的信息集成。

4. 信息显示

为各类型用户提供个性化的可视化界面，需要合理运用平面显示、三维动画、语音识别、触摸屏、地理信息系统等视频和音频技术。

5. 信息安全

智能电网必须明确各利益主体的保密程度和权限，保护其资料和经济利益。因此，必须开展复杂大系统下的网络生存、主动实时防护、安全存储、网络病毒防范、恶意攻击防范等技术的研究。

9.2 智 能 交 通

随着社会经济和科技的快速发展，城市化水平越来越高，机动车保有量迅速增加，交通拥挤、交通事故救援、交通管理、环境污染、能源短缺等问题已经成为世界各国面临的共同难题。无论是发达国家，还是发展中国家，都毫无例外地承受着这些问题的困扰。在此背景下，把交通基础设施、交通运载工具和交通参与者综合起来系统考虑，充分利用信息技术、数据通信传输技术、电子传感技术、卫星导航与定位技术、控制技术、计算机技术及交通工程等多项高新技术的集成及应用,使人、车、路之间的相互作用关系以新的方式呈现出来,这种解决交通问题的方式就是智能交通系统。

9.2.1 基于物联网技术的智能交通系统的研究

1. 国内外的研究现状

随着机动车数量的迅速增加,"城市交通拥堵"现象严重影响了城市环境。交通拥堵是一个城市的通病,可能是交通秩序、交通规划、交通建设不协调等多种原因所致。产生交通拥堵的原因很多。一种是动态拥堵,一般的交通拥堵就是常说的动态拥堵。由于交通秩序的不合理,交通智能化、交通优化的漏洞,导致不合理的交通拥堵;另一种是静态拥堵,是因为停车位的紧张导致的拥堵。

智能交通系统在国外发展迅速并且形成欧、美和日三大模式。20世纪90年代以来,国内学者在智能交通技术领域的研究取得显著成绩。美国的物联网发展始终走在世界前列,体现在基础设施、技术水平及产业链的发展程度等方面。例如,美国的"智慧地球"战略推动了物联网应用领域的发展;在智能基础设施发展等方面,欧盟处于世界领先的地位。2010年初,中国工信部牵头成立全国推进物联网协调小组,将建设物联网应用示范工程作为战略性的产业。

从20世纪60年代起,美国、欧洲和日本等国家相继投入人力和大量资金,进行基于物联网技术的智能交通系统的研究。日本智能交通系统的发展和实现建立在产、学、官紧密结合的基础上。从发展思路方面,日本的智能交通一直致力于基于智能车辆、智能道路和车路交互协同基础上的智能交通系统构建模式发展。车辆都安装有车载设备,道路都安装有能够与车辆实时交互的智能设施。而智能交通系统中的道路交通信息服务系统(Vehicle Information Communication System,VICS)、不停车电子收费系统(Electronic Toll Collection,ETC)都是基于此技术的一种智能交通信息服务。日本的智能交通发展思路和做法对中国有一定的借鉴作用,但中国的智能交通发展模式则更多借鉴美国的发展模式。

2. 国内外的主要研究方法

人们对智能交通系统中的车联网安全、车况、娱乐等服务信息传输的可靠性要求越来越高。如何提高实时交通信息的质量,影响车辆—基础设施之间MAC层的协议与接入技术、影响车辆—车辆之间高质量通信的路由协议、影响车辆智能化应用管理与安全问题都是学者关注的问题。但由于安全性和实时性的考虑,智能交通的相关研究更多时候需要借助于仿真技术模拟实际交通情况,以探索出完整的、切实有效的解决交通问题的规划建设方案。

2014年同济大学道路与交通工程教育部重点实验室孙剑等提出车路协同系统一体化仿真实验平台建设思想,通过高层体系架构(High Level of Architecture,HLA)仿真建模思想,整合VISSIM软件与NS2软件,实现仿真时间管理、跨平台数据交互以及联邦成员互操作等功能。

2016年,Apratim Choudhury等关于交通仿真一体化的做法是:首先,使用VISSIM软件建立交通模型;其次,使用MATLAB软件设计交通管理应用场景;最后,用NS3软件进行场景的通信网络仿真。研究重点关注的问题:①关注解决各个软件之间的接口问题,实现软件之间的协同;②由于NS3

只能与固定数量的节点配置，因此关注节点的动态增减问题；③关注NS3移动模型的选择问题。

3．车联网的主要应用研究方向

基于物联网技术的智能交通系统的车联网主要应用研究如下。

①先进的出行者信息系统（Advanced Travelers Information System，ATIS）。充实与改善交通系统的有机联系性。

②先进的交通管理系统（Advanced Transportation Management System，ATMS）。充分利用系统的时空资源，改善交通阻塞。

③先进的公共交通系统（Advanced Public Transport System，APTS）。提高公共交通的便捷性和准时性。

④紧急交通救援管理系统（Advanced Transport Incident Support Management System，ATISMS）。提高城市减灾能力。

⑤先进的车辆控制系统（Advanced Vehicle Control System，AVCS）。提高运载工具的安全性和效率性。

⑥新物流交通系统（Advanced Freight Transport System，AFTS）。发展新型的物流系统，提供效率化的物流运输服务。

9.2.2　目前智能交通系统建设中的常见问题

当前交通管理系统主要以视频、磁感技术进行数据采集，实际使用主要存在以下问题：①由于受到雨、雪、雾等恶劣天气的制约和号牌污损、套牌、假牌等因素的干扰，不能对车辆信息进行精确、真实、完整的采集和有效分析；②不能实时将采集到的图像信息转换成有效的数字信息资源，在公安系统内实现共享，并及时对此信息进行最大价值的开发、整合和利用。要解决城市交通拥堵问题，建设基于物联网技术的智能交通系统，对交通大数据进行数据挖掘，着重要解决以下常见问题。

1．信息资源采集范围不全面

通过建设公安交管道路摄像监控系统等工程，部分实现对交通状况的感知、监控、管理和服务。但这种感知在范围上还不全面。例如，车辆动态轨迹信息、车辆出行路线预警信息等。公安机关还需通过多种技术手段完善情报信息系统，以实现事件前的主动预警。

2．信息资源的实时性差

现有的公安交管信息系统的信息资源，由于大部分信息是事件后形成的，即使是视频监控信息资源，也往往因为没有实时传送到情报系统。通常是事件发生后调档查阅，信息的实时性较差，市民也难以通过自主的信息获取手段主动实时了解和感知交通现状，目前仅限于被动接受媒体的信息发布渠道。

3．信息资源共享受限

社会信息资源丰富多样，但很多资源受政策、技术壁垒限制无法接入警务业务系统；同时公安交管系统内，各个不同专业的业务系统又自成体系，信息交互实时性差。例如，人员信息、涉车、涉驾等信息的共享和交互等。以上原因造成不能充分利用现有的大量信息资源有效提高警务管理效能。

4. 信息系统智能化程度低

在警务工作中，常常需要跨地域对特定的对象（人或车等）进行管理控制。需要远程请求协助。信息系统的智能化程度低，案件侦破的及时性不能得到保障，甚至会错失良机，丢失线索。这种问题的根源在于不能远程调动警务装备及信息资源，系统内人、车、路未能实现高效通信、交互性差。

9.2.3　基于物联网技术的智能交通系统建设

1. 车辆标准数字信源

利用RFID为主的传感器技术，实现对各种车辆的"车辆电子信息卡"的创设和配装管理，建立"车辆电子信息卡"的系统身份信息与相关法规管理信息的基础数据库，对"车辆电子信息卡"的"物理生命"阶段和"系统生命"进行管理。"物理生命"阶段主要包括卡的入库、卡的初始化、卡的注销、卡的销毁/报废；"系统生命"阶段主要包括信息写入、信息验证、证件发放、证件挂失、取消挂失及证件注销等。

①对城市在籍车辆配装RFID车辆电子信息卡，保证一车一卡。车卡装配后，电子信息卡具有唯一身份识别信息，具有防止拆卸的功能。

②对车辆类型、运营等进行分类，进行应用环节的标签注册和信息写入。

③解决发行程序和规范标准、信息加密与传输等方面的关键技术，建立涉车资源数据库，探索并制定行业应用、信息加密与传输等技术方面的行业标准与规范。

规范完善的车辆标准数字信源是智能交通系统的基础，只有将车辆由封闭的个体转变为能接入系统的数字信源，才能反映出一个特定区域内交通的真实情况，才能确保整个系统的实时性和有效性，否则就是无源之水、无本之木。

以"车辆电子信息卡"作为车辆标准数字信源，形成由车辆电子信息卡、银行卡、手机卡和"公共安全交通管理信息网"构成的"三卡一网互联互动平台"。促进车辆管理、公路交通运输管理水平的提高，带动交通、运输、金融保险业、物流、通信等相关企业的发展。随着车辆标准数字信源系统研究及应用，无疑会对交通信息采集及应用所涉及的方方面面起到重大的推动作用。其应用领域可归纳为如下5个方面：

- 实现面向公安、交管部门的交通信息采集与动态监管。
- 实现面向社会的车辆出行信息服务。
- 实现基于地理信息系统（Geographic Information System，GIS）的虚拟电子镜像管理。
- 实现交通（税）费征收的动态稽查和电子支付。
- 实现各行业涉车、涉驾的应用服务。

2. 基于物联网的多样化的数据采集技术

以基于RFID技术的车辆标准数字信源为基础，结合智能视频技术、磁感等多种技术手段，解决交通相关信息的数据采集及车辆与基础设施之间的通信问题，是建设基于物联网技术的智能交通系统的关键。

城市道路交通路口数据种类很多，常见的如各类交通违法数据：违法变道、闯红灯以及货车禁行等。交通流量和交通事件也是交通系统的重要基础数据。在数据的采集基础上才能进行数据的积累与分析。实践证明，信息的有效性、完整性、实时性是决定信息价值的重要因素，也是现代交通管理必不可少的重要基础条件，只有通过对信息的有效采集和利用，才能真正实现智能化、信息化的交通管理。以下主要讨论信息采集基站建设、车辆数据采集技术等。

（1）信息采集基站建设

①对已有城市基于物联网技术的智能交通系统进行全面系统的实地勘测调研分析，在各种智能监控卡口，完善RFID基站建设和智能视频所需要的网络布控、电源供给、架设硬件等保障条件。

②立足于所选定的RFID技术、智能视频等技术，在主城区建设信息采集固定基站群。同时，配置移动手持基站，对进出主城区的车辆和路网进行全面感知，构建路网动态监测、快速反应、整体联动的车联网系统。

（2）车辆数据采集技术

现代车辆数据采集的具体检测技术包括浮动车GPS技术、RFID技术、感应线圈检测器技术、地磁感应器技术、微波与雷达传感器技术、激光与雷达传感器技术、超声波传感器技术、声线列阵传感器技术和视频检测器等技术。具体分类及所需要的检测设备如表9.1所示。常用的现代车辆数据采集的测量方法如下：

①定点测量法。采用定点检测器技术。选择一个观测点，采用人工秒表或使用固定观测仪，记录经过观测点的车辆数。从而获得车流量、速度、车头时距等交通资料。

表9.1　现代车辆数据采集分类及检测设备

类型			检测设备
新型先进检测技术的交通数据采集	车路协同系统采集技术		车路协同检测技术
	传感器采集技术		智能传感器检测技术、传感器网络检测技术
基于定点检测的交通数据采集	压力式采集技术		气压管检测器、压电式检测器
	磁频采集技术		环行线圈检测器、磁性检测器、地磁检测器、电磁式检测器、摩擦检测器、微型线圈检测器、磁成像检测器
	波频采集技术	主动式	微波雷达检测器、超声波检测器、主动式红外检测器、激光检测器、光信标检测器、光纤轴检测器
		被动式	被动式红外检测器、被动式声波检测器
	视频采集技术		光学视频检测器、红外视频检测器
基于移动检测的交通数据采集	空间定位采集技术		GPS浮动车检测技术、手机移动通信检测技术、蓝牙检测技术
	自动车辆识别采集技术		环状线圈识别检测技术
			射频识别（RFID）检测技术
			车辆号牌识别检测技术
	遥感采集技术		航空遥感检测技术、航天遥感检测技术

②短距离测量法。采用感应定点检测器技术，通常选用感应线圈、微波束等装置作为检测器，选取小段距离设置为成对检测器。车辆进入和驶出测试路段，检测器发出信号，从而记录仪获取车流量、速度和车头时距等交通信息。

③长距离测量法。采用视频检测器技术，主要指摄像、视频等调查法。对观测路段连续进行拍照、录像等，从而在照片、视频上点数车辆，是获得交通密度最为准确的方法。

④浮动车测量法。浮动车测量法分为两种：一种是利用浮动车以近似车流平均速度行驶，记录行驶时间和速度，获得车流运行的交通信息；另一种通过浮动车在道路上往返行驶，获取速度和车流量等数据。例如，高速公路等路段的测量。

目前，北京、深圳和杭州等城市主要采用浮动车加定点检测器技术，青岛等城市主要采用感应定点检测器技术，成都等城市主要采用视频检测器技术，上海和广州等城市主要采用浮动车技术。图9.1所示为上海市某交通现场数据采集、传输与仿真分析的应用示意图，值得许多城市借鉴。

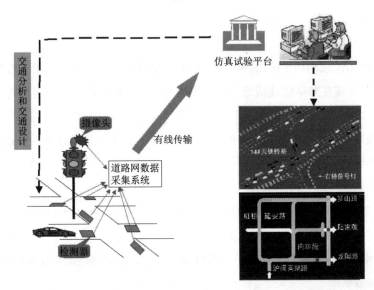

图9.1　交通现场数据采集、传输与仿真分析的应用示意图

3. 车联网及技术标准

车联网又称车辆自组织网或车域网。车联网是物联网在智能交通领域的运用，是智能交通系统的重要组成部分。根据车联网产业技术创新战略联盟的定义，车联网是以车内网、车际网和车载移动互联网为基础，按照约定的通信协议和数据交互标准，在车—X（车辆—车辆、车辆—基础设施）之间，进行无线通信和信息交换的大系统网络，是能够实现智能化交通管理、智能动态信息服务和车辆智能化控制的一体化网络，是物联网在交通系统领域的典型应用。

通过车联网，车辆具备了高度智能的车载信息系统，并且可以与城市交通信息网络、智能电网以及社区信息网络全部连接，从而可以随时随地获得即时资讯，并且做出与交通出行有关的明智决定。专用短程通信技术（Dedicated Short-Range Communications，DSRC）标准由美国材料与实验协会（American Society for Testing and Materials，ASTM）的E17.51小组提出，主要任务是解决车辆与路边设备之间的通信。

（1）车联网MAC层的技术标准

车联网的标准由IEEE组织制定，主要由IEEE 802.11p和IEEE P1609两个工作组（Working Group，WG）负责。IEEE 802.11p工作组对DSRC中的物理层和MAC层进行修改。物理层从IEEE 802.11a到IEEE 802.11p变化相对较小。IEEE 802.11p与IEEE 802.11a都是利用正交频分复用技术（Orthogonal Frequency Division Multiplexing，OFDM）处理移动环境下的线性分散信道。IEEE 802.11p与IEEE 802.11a不同的是：IEEE 802.11p用于中等距离，具有快速变化和高移动性等特点的信道环境中；IEEE 802.11a则用于低移动和短距离的室内环境下。IEEE 802.11的通信范围从几十米到几百米。为了弥补差异，DSRC标准进行了两次主要的修订。

（2）基于IEEE 802.11p的技术标准

IEEE 802.11p增加了对车-X之间的通信规范，对于动态的高速移动环境、Ad Hoc消息传输方式、低时延等诸多细节进行了描述。

IEEE 802.11p的MAC层沿用了IEEE 802.11a的MAC层基本设置，使用基于二进制指数退避的载波监听多址接入技术，实现在共享物理信道上的无线接入。在具体实现上，采用纯随机竞争的方式，为各站点（IEEE 802.11p中的车辆）提供一个公平的接入。与传统的IEEE 802.11 MAC层的协议相比，IEEE 802.11p协议也具有自身的一些特点。例如，多信道协调、简化的认证和关联过程等。

4. 智能交通系统的架构及功能

（1）智能交通系统网络架构

建立连通所有智能采集站点的专用通信网络，包括但不限于：租用电信网络、自架设专用网络、无线网络等技术的混合应用。为智能交通系统平台提供数据传输通道，并应用网络及数据传输安全技术，保障数据在网络传输过程中的真实性、安全性和及时性。系统网络架构如图9.2所示。

（2）交管信息数据库

为了有效地对涉车、涉驾信息进行存储、管理和监控，建立整个平台的数据库系统，通过网络通信和集中数据服务器，统一存放数据信息，为各功能模块提供数据来源和信息服务。

通过异构网络互联与融合云计算、分布式数据库、海量数据挖掘与管理、智能处理与辅助决策等技术手段，建立基础数据交换平台，对车辆信息进行判断并进行智能化处置。为满足公安交管、环保、保险、路桥收费以及停车场管理等各行业的特定目标，实时提供有用的情报信息。通过对交通信息大数据的分析和处理，为交通规划和管理提供数据支撑。

由于需要存储的车驾信息数据巨大，系统使用基于云计算的快速检索技术、高效分级云存储技术、高效可靠的基于云计算的分布式同步与分发技术、基于云计算的分布式读写控制等技术。数据安全机制包括数据存储安全、数据访问安全、数据传输安全和数据备份安全。

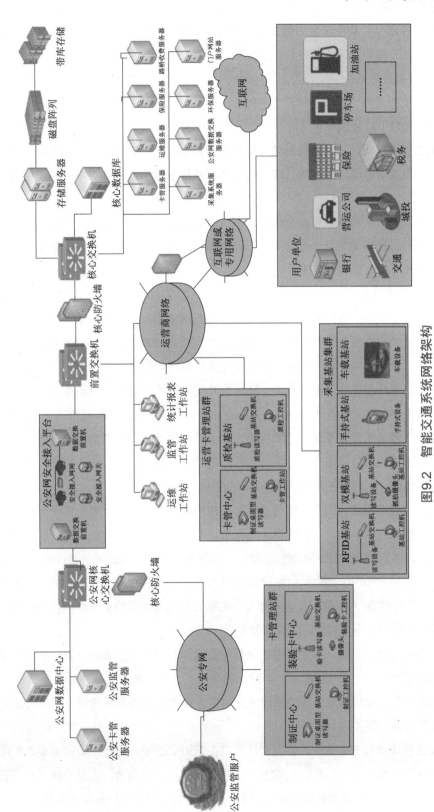

图9.2 智能交通系统网络架构

除了上述各部分，整个平台的数据安全还涉及公钥基础设施PKI、身份认证系统、防火墙及入侵检测系统、病毒防御和数据恢复等多个方面。

（3）运行管控中心

运行管控中心是整个运行系统的后台中心，通过安全算法和权限划分保障，为运营系统提供后台服务。主要包含以下功能模块和结构。

①系统监控模块设计。对前端基站群及数据传输系统的运行状态进行监控与维护管理，并且集中前端基站控制系统所采集的车辆运行时空信息和事件信息数据，建立"车辆电子信息卡系统"的运行资源库。

②数据统计与分析模块。根据车辆、路网、交通信息的类型和功能，建立不同的查询、统计分析模块，满足用户对数据的统计、分析需求。包含黑名单管理、车辆类型、车辆实时信息和历史记录等查询、数据统计与报表等模块设计。

（4）运营服务平台系统

通过对公安、交通、保险等行业对交通信息的应用需求分析，建立以平台运营为主导的多用户和分布式服务功能的运营服务平台系统。该平台通过安全算法和权限划分，为公安系统、政府、城建系统、交通系统、保险行业、税务行业、环保行业等提供终端用户平台接口，实现对涉车、涉驾等交通信息资源的共享和社会化联动服务功能。涵盖公共交通、市容管理、道路车辆管理、社会治安等政府公共服务，以及停车场、保险等社会化公共服务功能，实现交通信息资源的高度共享与综合利用。

①信息服务业务管理子系统。系统提供面向全社会的涉车、涉驾交通信息服务，并实现商业化运营，对系统能够提供的信息服务进行统一建模，建立一套从信息服务业务接入、信息服务业务处理、信息服务数据提供、信息服务费用清算等方面的服务体系。

②结算、支付子系统。结算、支付系统是运营服务平台系统的重要支撑子系统之一，是实现平台商业化运营的重要技术手段，其方案设计包含系统架构设计、业务功能设计、网络拓扑结构设计、数据库平台设计、主机平台设计、存储平台设计、系统安全设计、系统接口设计等。

③Call Center呼叫中心子系统。Call Center呼叫中心是运营服务平台系统的重要辅助子系统之一。主要负责面向车主/驾驶人提供服务请求接入、实现信息服务数据的交互功能；同时面向系统所有服务对象提供其产生的服务内容和费用的查询服务。

④客户服务终端子系统。客户服务终端系统是运营服务平台系统的重要辅助子系统之一。首先，客户服务终端系统为整个系统提供了一个展示的平台；其次，客户服务终端系统负责面向车主/驾驶人提供服务请求接入，实现信息服务数据的交互功能；最后，对面向系统所有服务对象提供其产生的服务内容和费用的查询服务。

⑤公安交管监管服务子系统。公安交管部门在智能交通平台系统中承担重要的作用。首先公安交管部门是系统的建设参与者，是车主/驾驶人法规管理信息的提供者，也是系统平台建设重要的协调组织单位；同时其又是系统重要的信息服务对象，是典型的行业监管服务业务客户。

通过对交通流量的信息采集、综合分析，多平台及时发布，引导、分流机动车辆，科学均衡道路资源，有效缓解交通拥堵；提供公安重点查控黑名单车辆在路网运行的信息，提供实时的报警提示信息；向交警提供系统的治安卡口基站、预定基站获取的被盗车辆报警信息，可在线查询，也可人工查询。

⑥商用服务——保险。保险公司或其代理公司能够依靠本系统从事与保险有关的监管、查询、鉴别工作，促进车辆保险业务与交通安全管理业务的紧密结合，堵塞车辆保险业务中因传统操作方式形成的弊端和漏洞，促进此项业务的现代化进程。

能够及时对已上户的运行车辆是否履行了"第三责任强制险"义务，进行查询和获得其上路使用信息；能够鉴别申请"保险理赔"车辆的真实身份，及其唯一性的判定信息，防止套牌车"骗保"；在受理"事故理赔"时，能够获得索赔车辆事故发生前后经过本系统路网基站的通过信息，以确认现场事故的真实性；能够获得当前城市上户的车辆上路运行的数量及车号信息；能够获得法律所允许的城市本地籍上户车辆，查询运行信息、统计信息。

⑦商用服务——路桥征费。能满足桥梁、道路管理部门的不停车收费、前端系统技术需求及功能要求。满足"非现场交易式"ETC系统的全部需求，全面承担ETC"车辆电子信息卡"的功能；满足"区域性路桥年票制收费系统"对区域内车辆交费情况进行监控，判定外地车和"未交年费本地车"的需求；能对"区域性路桥年票收费体制"的边界路口提供"电子篱笆"监控功能。并具备全面支持从"区域性路桥年票收费制"平滑过渡到"区域性路桥无障碍次票收费制"；满足与城市任何一条周边高速公路实现ETC系统联网的需求。

⑧商用服务——停车场管理。以"外挂基站""外挂系统"的方式对停车场、小区、机关门禁实行"非现金交易"和"停靠管控区内车辆异常出入报警"的需求；对城市任意路线公共汽车实施"电子现场提示公交车运行到站信息"的需求；实现城市"停车场泊车信息发布"系统对前端信息采集传输的需求。

⑨商用服务——运营车辆管理。能满足城市实施"出租车运营区域管理"和"出租车运营许可管理"的路网前端信息采集、传输需求；满足车主本人查询该车路网运行状态，提供"过站提示"信息的需求；满足车主自愿申请的"主动防盗提示"服务的需求。并具备将这一提示转化为"被盗报警"信息提供给公安交管部门。

9.3　智　能　家　居

智能家居是在家庭产品自动化、智能化的基础上，通过网络按照拟人化的需求而实现的综合系统。利用先进的传感器、网络通信、电力自动化、短距离通信等技术与居家生活有关的各种设备有机地结合起来，通过网络化综合管理平台及先进的云计算平台，实现人与家用电器、家用电器与环境之间的信息互通。智能家居不仅具有传统的居住功能，兼备建筑、网络通信、信息家电、设备自动化等功能，提供全方位的信息交互。

9.3.1　智能家居概述

智能家居（Smart Home）是利用先进的计算机技术、网络通信技术、综合布线技术，依照人体工程学原理，融合个性需求，将与家居生活有关的各个子系统（如安防、灯光控制、窗帘控制、气体控制、家电控制、场景控制等）有机结合在一起，通过网络化综合智能控制和管理，实现"以人为本"的全新家居生活体验。

智能家居领域由于其多样性和个性化的特点，导致技术路线和标准众多，没有统一通行技术标准体系。但从技术应用角度来看主要有三类主流技术：总线技术类、无线通信技术类、电力线载波通信技术。

9.3.2　智能家居系统体系结构

智能家居系统主要由智能灯光控制系统、智能电器控制系统、智能安防监控系统、智能背景音乐系统、智能视频共享系统、远程医疗监控系统等组成。

1．智能灯光控制系统

系统实现对全屋灯光的智能管理，利用遥控等多种智能控制方式，实现对全屋灯光的遥控开关、调光及一键式灯光场景效果；用定时控制、电话远程控制、计算机本地控制及互联网远程控制等方式，实现智能照明的节能、环保等功能。

2．智能电器控制系统

系统采用弱电控制强电方式，既安全又智能。利用遥控、定时等多种智能控制方式实现对饮水机、电源插座、空调、地暖、投影仪、新风系统等设备的智能控制。避免饮水机在夜晚反复加热影响水质；在外出时断开电源避免电器发热引发安全隐患；对空调、地暖进行定时或者远程控制，到家即刻享受舒适的温度和新鲜的空气。

3．智能安防监控系统

系统主要由各种报警传感器（人体红外、烟感、可燃气体等）及其检测、处理等模块组成。主要优点体现在。

①安全。安防系统可以对陌生人入侵、煤气泄漏、火灾等情况及时发现并通知主人。

②简单。操作非常简单，可以通过遥控器或者门口控制器进行布防或者撤防。

③实用。视频监控系统可以依靠安装在室外的摄像机有效阻止小偷的进一步行动，并且事后为警方取证提供有利证据。

4．智能背景音乐系统

系统在公共背景音乐的基础上，结合家庭生活的特点，形成了新型背景音乐系统。简单地说，就是在家庭任何一间房子里。例如，花园、客厅、卧室、酒吧、厨房或卫生间等地方，将DVD、计算机等多种音源进行系统组合，让每个房间都能听到美妙的背景音乐。智能背景音乐系统既可以美化空间，又起到很好的装饰作用。

5. 智能视频共享系统

系统将数字电视机顶盒、DVD机、录像机、卫星接收机等视频设备集中安装在隐蔽的位置，做到让客厅、餐厅、卧室等多个房间的电视机共享家庭影音库，并可以通过遥控器选择自己喜欢的视频进行观看。采用这种方式既可以让电视机共享音视频设备，又不需要重复购买设备和布线，既节省了资金又节约了空间。

6. 远程医疗监控系统

在智能家居系统中，远程医疗应用引起人们的广泛关注，而且是未来智能家居发展的方向之一。可选用基于GPRS（General Packet Radio Service，通用无线分组业务）的远程医疗监控系统，主要由中央控制器、GPRS通信模块、GPRS网络、互联网公共网络、数据服务器、医院局域网等组成。

系统工作时患者随身携带远程医疗智能终端。首先对患者心电、血压、体温进行监测，当发现可疑病情时，通信模块对采集到的患者数据进行加密、压缩处理，再以数据流形式，接入后台数据库系统。这样，信息就在移动患者单元和远程移动监护医院工作站之间不断进行交流，所有的诊断数据和患者报告都会被传送到远程移动监护信息系统存档，供将来研究、评估等使用。

小 结

本章主要介绍智能电网、智能交通、智能家居3个典型的物联网应用案例。重点针对智能交通系统的车联网，从车辆标准数字信源、数据采集技术、车联网技术标准和智能交通系统的架构及功能等方面进行了阐述。

习 题

一、简答题

1. 简述常用现代车辆数据采集的测量方法。

2. 简述智能电网的定义。

3. 简述智能家居的体系架构。

二、实践题

搜索物联网技术在其他领域中的应用实例，并写成报告。

第10章 车联网建模与仿真研究

从智能交通系统的实际应用角度考虑，车联网作为解决"人、车、路"实时通信的网络，是整个智能交通系统的重要组成部分，是智能交通系统能够有效运转的核心。由于实际交通环境的复杂性、实时性、多变性、高成本等原因，在智能交通系统的车联网研究中，一般需借助交通系统仿真模型进行交通行为研究。

2014年，国内同济大学提出"人、车、路"协同一体化仿真实验平台研究思路，2016年，国外学者提出了交通仿真一体化的思想。目前，这种交通系统仿真模型研究方式已经成为车联网研究的重要手段，很多优秀的网络仿真软件提供了良好的建模与仿真平台，促进了车联网研究的不断深入以及智能交通系统的建设。同时，智能交通系统的发展也推动了交通系统仿真技术的不断进步。

本章重点介绍如何使用OPNET Modeler软件平台进行车联网建模与仿真研究。通过对车联网V2I单车道单向运动场景、V2I双车道双向运动场景、V2V运动场景、V2I具有冗余系统的场景进行建模与仿真的实例介绍，读者可了解和熟悉这种车联网常用的研究方法。

10.1　网络通信仿真软件OPNET Modeler

OPNET Modeler网络仿真软件是美国OPNET Technology公司开发的大型通信与计算机网络仿真软件包。软件通过多层子网嵌套实现复杂的网络拓扑管理，提供三层建模机制。使用软件仿真分6个步骤，分别是配置网络拓扑（Topology）、配置业务（Traffic），收集结果统计量（Statistics）、运行仿真（Simulation）、调试模块再次仿真（Re-simulation）、发布结果和拓扑报告（Report）。

10.1.1　OPNET Modeler软件的特点

OPNET Modeler软件内集成了基于地理位置的路由协议和基于拓扑的路由协议；软件可以手动建立应用层模型，也可用应用层内置的模型；采用离散事件驱动的模拟机理，包含大量网络协议和完整的无线套装；使用嵌套多层子网的方式进行网络拓扑的管理。具体特点如下。

1. 支持IEEE 802.11标准

提供三层建模机制：①进程层（Process Level）对每个对象的行为进行模拟仿真；②节点层（Node Level）使互联进程级的对象形成设备；③网络层（Network Level）通过链路互联设备形成网络，组织多个网络场景形成仿真平台。

2. 采用分层的网络模拟方式

从协议的角度看，节点模块符合开放式系统互联OSI标准，从下到上分别为物理层、MAC层、ARP层、IP封装层、IP层、TCP层、业务层。

3. 允许手动建立应用层模型

使用软件内置的应用模块进行仿真，自定义应用模型。车联网应用种类很多，常用的应用模型包括电子邮件（E-mail）、超文本传输协议（Hyper Text Transfer Protocol，HTTP）、文件传输协议（File Transfer Protocol，FTP）和远程登录（Telnet）等。

4. 物理层和数据链路层统一配置

软件专门为车联网定制的IEEE 802.11p协议，覆盖了MAC层和物理层，物理层和数据链路层统一的配置，对车联网是合适的选择。

5. 内部集成了基于拓扑的路由协议和基于地理位置的路由协议

通过改变网络层使用的路由协议，提高车联网的通信性能。例如，配置路由协议的详细参数（hello包间隔、网络直径等）。

6. 提供丰富的网络设备模型

在实际具体应用中，软件提供的模型和实际方案在实现结构和清晰度等方面都存在限制。使用软件模型搭建网络模型，通过修改其模块等方式解决。

10.1.2 OPNET Modeler软件网络通信机制

具有非常完备的通信机制，包括基于包的通信、基于链路的通信和基于接口的控制信息。

1. 基于包的通信

基于包的通信通常采用基于包的建模机制，模拟物理网络设备之间包的流动和包的处理过程，模拟网络协议中的组包和拆包过程。包定义了互相通信的节点之间发送的信息格式，同时自带系统预定义的相关信息。

2. 基于链路的通信

基于链路的通信是指节点之间的通信形式，软件支持3种链路，包括点对点的链路、总线的链路和无线的链路。在车联网中车辆与车辆之间的通信、车辆与基础设施之间的通信都是无线的链路。

3. 基于接口的控制信息

基于接口的控制信息的通信机制，类似于包的通信，但是比包的结构更加简单，使用与事件相关联用户自定义的数据列表，工作中与包传播的额外参数发生联系。

10.1.3 OPNET Modeler的IEEE 802.11标准

无线局域网协议是以IEEE 802.11标准为基础。该标准定义了1个MAC子层和3个物理层。IEEE 802.11标准的目标是构建一个能够提供与有线网络类似服务的无线网络。

1. IEEE 802.11无线局域网

IEEE 802.11无线局域网的构架是用来支持一种移动站以分布式的方式进行协议会话的网络。IEEE 802.11标准定义了两种网络设备：一种是无线工作站（Station，STA），一般在一台个人计算机上安装一块无线网卡组成；另一种是无线接入点（Access Point，AP），提供无线和有线网络之间的连接。无线接入点通常包含无线输出口和有线网络接口。接入点的作用和无线网络中基站类似，将多个工作站汇聚到有线网络上。无线接入点可以完成无线工作站对有线网络的接入访问，还可以控制和管理无线工作站。

IEEE 802.11标准定义了两种模式：Infrastructure模式和Ad Hoc模式。在Infrastructure模式中，无线网络至少有一个无线接入点和多个无线终端，接入点通过电缆连线与有线网络连接，通过无线电波与无线终端连接，可以实现无线终端之间的通信，以及无线终端与有线网络之间的通信。这种配置称为一个BSS。一个扩展服务集合ESS是由两个或者多个BSS构成的一个单一子网。Ad Hoc模式又称对等模式，这种应用包含多个无线终端和一个服务器，均配有无线网卡，但不连接到接入点和有线网络，而是通过无线网卡进行相互通信，主要用在没有基础设施的情况下快速地建立无线局域网。

2. 无线局域网的协议行为建模

由于IEEE 802.11标准本身的复杂性，使得对其建模非常困难。根据协议标准将其拆分为多个相对独立的部分，简称"协议行为"，下面简单介绍无线局域网的各种行为。

① MAC协议会话。MAC协议会话至少涉及两种帧的交互参与，分别是从源节点到目的节点的数据帧和从目的节点到源节点的确认帧（ACK）。如果源节点没有接收到确认帧，会等待合适的退避时间并且次数有限地重传数据帧。数据帧和确认帧的交互性，保证了数据传输的可靠性。为进一步增大数据传输的可靠性，MAC协议会话额外要求请求发送帧（RTS）和确认发送帧（CTS）的参与，用来预留信道带宽。首次源节点向目的节点发送RTS请求预留信道，如果成功，目的节点会响应一个CTS帧，这个过程可看作传输数据之前的握手。RTS/CTS帧交互是协议非强制的方案，图10.1描述了启动RTS/CTS协议会话成功传输数据帧的流程图。

② 接入机制。IEEE 802.11标准定义有两种信道接入控制方式，分别是分布式协调方式（Distributed Coordinated Function，DCF）和中心协调方式（Point Coordination Function，PCF）。DCF采用有竞争的信道共享方式（CSMA/CA），而PCF采用轮询的方式分配信道的使用，它是没有冲突的。标准中定义基本的接入机制采用DCF接入方案。

③ 帧间强制等待。在两帧之间的传输必须经历一个强制等待时间：DCF机制包含DIFS、SIFS和EIFS。这些帧间隔的具体取值根据物理信道特征确定。

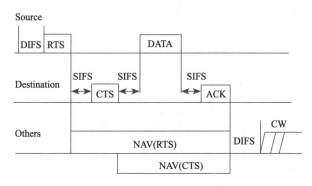

图10.1　通过启动RTS/CTS协议会话成功传输数据帧的流程图

④监测信道忙后的退避。按照二进制指数分布规律增长退避函数的上限，并且退避函数的上限和下限之间随机选取一个时间值，作为再次访问信道所必须经历的时间量。

⑤支持多种数据传输速率。无线局域网协议支持的数据传输速率有：1 Mbit/s、2 Mbit/s、5.5 Mbit/s和11 Mbit/s。这些数据传输速率模拟发信机和收信机处理包的速率。为了支持不同的数据传输速率，物理层需配置相应的信道参数，并且通过不同的信道流和MAC进程相连。

⑥数据恢复机制。确认帧接收失败将触发重传机制。并且根据数据帧的大小对重传次数有不同的限制——长包重试最大次数（Long Retry Limit）和短包重试最大次数（Short Retry Limit）。

⑦拆分和集成。根据高层数据包的大小确定是否启动数据拆分功能。超过门限拆成多个帧（PSDU，协议数据单元）。目的站将这些帧集成为原始数据包送往高层。

⑧包接收重复监测。包接收后相关信息被存储。任何重复接收的包将被MAC层丢弃。

⑨接入点功能的支持。在一个架构BSS网络中，任何移动站配置该功能则可以充当一个接入点。为了能够连接BSS和分布式核心网，AP还必须实现IEEE 802.11标准和分布式核心网接入协议的转换，实际上充当无线局域网路由器的角色。要进一步搭建一个ESS，为了能够跨网通信，其属下BSS中的所有移动站都必须具备支持IP协议站的功能，一个BSS可看作一个OPNET子网（Subnet）。

⑩数据缓冲存储。数据从高层流向无线局域网MAC层将被存储在一个缓存中，它是一个FIFO（先进先出）队列，在移动站竞争到信道之前高层数据包在该队列中排队等待。

⑪物理层建模。物理层建模对IEEE 802.11无线局域网的性能几乎没有影响。所以，不需要仿真实际IEEE 802.11标准指定的物理协议，只是通过设置协议所对应的相关参数（如时隙值和退避时隙个数）来接近实际效果。

以上分析了无线局域网的各种行为，分别对这些行为单独建模后，通过有限状态机将它们集成系统，形成最终的IEEE 802.11标准支持的模块。IEEE 802.11无线局域网MAC有限状态机基本实现了IEEE 802.11标准。

10.2　车联网的车辆移动建模理论

交通仿真是用仿真技术研究交通行为的学科，随着空间和时间的变化对交通运动行为进行跟踪描述。根据仿真的对象和目的不同，通常交通系统仿真被划分为微观仿真和宏观仿真。宏观仿真通过考察交通流特征进行系统状态的描述，微观仿真则是通过考察单个车辆和驾驶人以及其之间的相互作用特征，进行系统状态的描述。本节展开的研究主要关注微观模拟仿真。

10.2.1　交通系统仿真

仿真（Simulation）又称模拟，一般指为求解复杂问题，人为模仿真实系统的运行过程。交通系统仿真是一门新兴的专业技术，与经济学科、管理学科、社会学科以及各门技术学科有着紧密联系。从交通工程技术的分析工具，逐渐变化成大型的基于物联网技术的智能交通系统的关键组件。优点表现在以下方面：

①有些数据从普通实验方法中难以获取，实验过程成本较高，此时仿真是可以采取的有效方法之一。

②因为仿真模型追求的是过程，能够更加深入地了解仿真的物理过程。

③具有可重复性。仿真模型一旦建立，可以任意进行仿真过程的重复。

④仿真模型不十分依赖原始数据，用户通过不断地输入修正，逐步获得理想的结果。

⑤仿真模型没有诸多限制，解析模型需要许多简化假设，以便数学上容易处理。

尽管交通系统仿真技术具有很多优点，但也存在诸多局限性，具体表现在以下方面：

①仿真模型的建立需要一定的知识储备。例如，交通流理论、概率论和计算机程序设计等知识。需要具备丰富的交通工程应用与实践经验，还需要对研究的道路交通系统有深刻的了解。

②仿真模型需要交通设施、网络及行为等方面的输入数据。在实际解决问题期间，有些数据很难获得，或者是根本无法获取。

③交通仿真技术非常依赖于系统模型。必须对真实系统进行抽象与简化才能建立系统模型，否则将引起某种程度的失真，而道路交通是一个随机的、动态的、复杂的大系统。

④如果对模型的基本假设和限制条件并不清楚，仅仅简单地套用交通仿真模型，极有可能导致错误的结果。

因此，交通系统仿真包括对象的分析和模型的建立、程序的编制和数据的采集、仿真的运行和结果的输出等许多过程。它的对象是含有各种逻辑关系和多种随机成分的复杂交通系统。一般包括11个基本步骤：①明确问题；②确定仿真方法的适用性；③对提出的问题系统化处理；④数据的采集与处理；⑤数学模型的建立；⑥参数的估计；⑦模型的评价；⑧程序的编制；⑨模型最后的确认；⑩模拟实验的设计；⑪仿真结果的分析。

10.2.2　车辆移动建模的分类

自汽车问世以来，科学家一直在研究再现车辆的真实运动模式。在实际测试中，测试车辆-车辆（V2V）以及车辆-基础设施（V2I）之间的网络应用尤为重要。在进行网络仿真设计时，选择定义恰当的车辆移动模型，可以反映出车辆的真实运动模式。根据车辆移动的范围和特性功能，将车辆移动建模分为五类：①随机移动建模；②车流建模；③交通建模；④行为建模；⑤路径或基于调查建模。车辆移动建模方法的分类如图10.2所示。

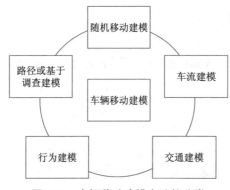

图10.2　车辆移动建模方法的分类

①随机移动建型。因为车辆的移动是随机的，所以车辆的速度、方向等移动参数是随机采样的，车辆之间的通信非常有限。

②车流建型。可分别从宏观和微观的角度，描述基于车流理论的单车道和多车道移动模型。

③交通建型。描述每辆车有独立的路径，或一个车流分配相同的路径，同时描述时间对模型的影响。

④行为建型。通过模仿人类行为，动态适应特定情况。

⑤路径或基于调查建型。车辆的运动轨迹用于提取车辆的运动模式，创建或校准移动模型。

10.2.3　车辆移动模型

为了使车联网能够使用车辆移动模型，这些模型必须能够被网络仿真软件使用。

1. 孤立的移动模型

研究机构目前使用的移动模型多数属于这类，如图10.3所示。不同场景在仿真之前生成，根据预定的路径格式由仿真软件解析。因为无法修改运动场景，所以不存在两个领域之间的交互。尽管存在种种限制，允许移动性和网络建模的独立发展，为网络提供较好的孤立模型。近年来，由于车辆通信中特殊的应用，更为重要的交互需求才出现，促进了两个领域更好的交互。

2. 嵌入式移动模型

为了使网络仿真软件与交通仿真软件充分交互，将两个仿真器融合在单一的仿真器中，通过网络与移动性领域之间的简单协作，互相补偿缺少的协议，如图10.4所示。2006年开发了一种生成车辆运动轨迹的嵌入式系统；2008年开发的NCTUns属于嵌入式系统，NCTUns的5.0版本实现了IEEE 802.11p和1609协议栈，是第一批支持全部WAVE协议栈的车联网仿真软件；在2009年提出了特定的方法VCOM，即在VISSIM中嵌入了通信模块。嵌入式方法的优点是网络模型和移动模型之间简单与高效地交互。使用验证过的车辆运动模式，并且对标准协议严格遵守，成为车联网仿真的研究方向。

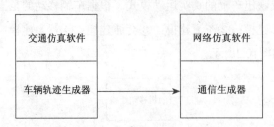

图10.3　交通仿真软件与网络仿真软件交互：孤立方式

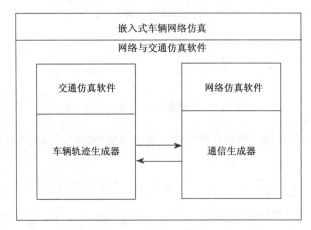

图10.4　交通仿真软件与网络仿真软件交互：嵌入式方式

3．融合移动模型

如图10.5所示，通过一组接口融合现有的网络仿真软件和移动模型或专业的交通仿真软件。例如，佐治亚理工学院的教授及其团队开发了仿真基础设施，通过使用分布式仿真软件包，融合了交通仿真软件CORSIM和网络仿真软件QualNet；另外一种有价值的方法称为TranNS，将交通仿真软件SUMO与网络仿真软件NS2或OMNeT++相融合；在2008年Queck等人开发了V2X仿真运行基础设施的接口，提出了一般化的融合方法。接口使用IEEE标准中定义的建模与仿真高层体系结构，为任意而具体的仿真软件提供接口。

4．三种方式面向应用领域的比较

随着仿真软件之间的交互越来越多，新的应用不断涌现（如安全交通应用）。早期的应用仿真侧重网络性，但是随着车联网应用的不断出现，车辆的移动性受到应用仿真的关注。尽管在这个领域未来的研究倾向融合的交互方式，但三种方式仍处于并存的地位。孤立方式的优点在于它的普遍性和简单性，但在安全和交通管理领域，研究者更倾向于嵌入式方式和融合方式。

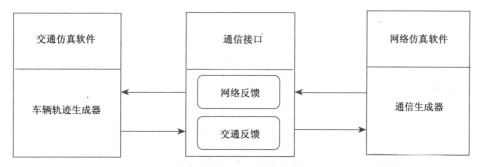

图10.5 交通仿真软件与网络仿真软件交互：融合方式

①因为孤立的移动模型中的运动模式不会随着动态交通信息的改变而改变，所以孤立方式的模型不能面向应用建模。

②当交通模块或移动模块的真实性满足应用需求时，嵌入式方式的移动模型也可以面向应用建模。

③融合方式的移动模型则非常适合面向应用建模。难题是如何有效设计仿真软件之间的交互接口。

10.2.4 实际车辆移动模型的设计

如何联系孤立方式、嵌入式方式、融合方式等3种方式来创建真实的车辆交通仿真软件，适用特定的应用。有人提出实际车辆移动模型的概念图，如图10.6所示。从图中显示，产生实际的车辆移动模型的概念图主要有两大模块：运动约束和交通生成器。其次附加各种模块。例如，时间和外部因素的影响，对运动约束模块进行微观调节等。

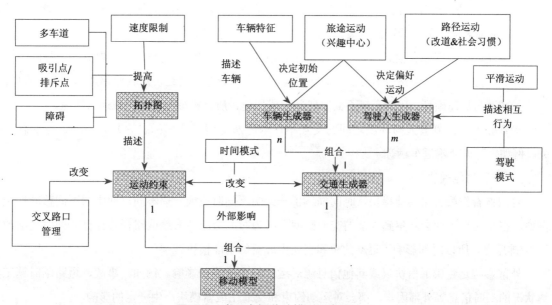

图10.6 实际车辆移动模型概念图

1. 运动约束

运动约束描述了可用于每辆车的相对自由度。从宏观上是对街道或建筑物的描述，从微观上是对邻居车辆、行人、汽车类型、驾驶人习惯等多样性建模。属于运动约束功能的模块有：准确真实的拓扑地图、障碍、吸引点/排斥点、交叉路口管理等。

①准确真实的拓扑地图：拓扑地图必须能够处理不同多车道交叉路口的车流密度、不同类别的街道和速度限制等。

②障碍：从广义理解包括车辆移动性的约束和无线通信障碍。

③吸引点/排斥点：多数情况下驾驶人都有目的地（如办公室、商店等），目的地称为吸引点。如果从家出发，这个起点称为排斥点，这些特征都是建模的瓶颈。

④交叉路口管理：既要对停车标志等静态障碍、让路标志等条件障碍进行建模，又要对交通信号灯等时间依赖障碍进行建模。

2. 交通生成器

交通生成器定义了不同种类的汽车车辆，宏观上对交通密度、速度和车流进行建模，微观上对汽车车辆间距、汽车加速度、制动和超车等特性进行建模。属于交通生成器的功能模块有：车辆特征、旅途运动、路径运动、减速与加速模型和驾驶模式等。

① 车辆特征：不同车辆对交通参数产生不同的影响。例如，宏观上城市的街道或高速公路在一天的某一时段禁止卡车通行；微观上汽车或卡车的加速度和速度能力是不同的。当对实际的车辆进行建模时，需要考虑车辆的不同特性改变交通生成器的控制条件。

② 旅途运动：宏观上旅途可看作城市中的出发点和目的地的集合，不同的驾驶人有着不同的选择和兴趣，从而影响了旅途的选择结果。

③路径运动：驾驶人根据约束（速度限制、道路堵塞、距离，甚至个人习惯等）选择路径。在现实生活中驾驶人到达交叉路口不会随机选择方向，而大部分车辆网络仿真软件都是随机选择方向的。

④减速与加速模型：因为车辆不会突然制动或加速，所以模型应该考虑减速与加速。

⑤驾驶模式：驾驶人与环境之间的交互不仅与静态障碍（停车标志等）有关，还与动态障碍有关。例如，行人、附近车辆等。

3. 其他功能模块

时间被看作第三个功能模块，时间描述了一天中不同时段或一周不同日期中的不同移动性配置。例如，在交通高峰期会观察到复杂的交通密度。因为时间会改变旅途或路径的计算，同时也会改变吸引点/排斥点，所以时间影响了运动约束和交通生成器的功能模块。

外部影响是建模通信协议或其他信息源对运动约束模式的影响。例如，事故、道路临时施工、交通状况的实时信息等外部因素，都会对运动约束和交通生成器模块产生一定的影响。

以上主要描述实际车辆移动设计模型中的多种构建模块，这些模块需要根据特定的应用来配置。车辆移动模型的特殊性是车辆真实性的复杂度和需求依赖于目标的应用，通常比商业交通仿真软件的需求少。所以车辆通信联盟（Car 2 Car Communication Consortium，C2CCC）列出三种潜在的关键应用：交通安全、交通效率和娱乐信息。

10.2.5　车流模型

当需要考虑不同车辆之间的物理交互、车辆与环境之间的交互时，通常会把车辆移动建模成车流，从而解决相关问题，一般文献分为如下三类车流模型。

①微观建模。详细描述与其他车辆相关的移动性参数。通过控制车辆的加速度来维持与前方车辆的安全距离，保证与前方车辆的安全时距。

②宏观建模。没有考虑具体车辆的移动性参数，而是考虑车流、速度、密度等宏观参数。根据流体理论，宏观车流比微观车流计算复杂度低，但能逼真地对宏观量建模。

③介于宏观与微观的建模。这种方法从中间层描述车流，通过宏观意义建模单个参数。

1. 微观车流模型

（1）车辆跟随模型

车辆跟随模型（Car Following Model，CFM）是最流行的驾驶人模型。CFM通常把时间、位置、速度、加速度等表示为连续函数，但也扩展为离散公式。CFM根据一些规则调整跟随车辆的移动性，避免与前导车辆的碰撞。图10.7所示描述了CFM的通用模式。

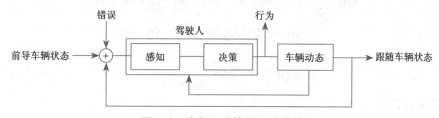

图10.7　车辆跟随模型的通用模式

车辆跟随模型的目标：通过控制每辆车的驾驶状态避免交通事故的发生，保持车辆的安全距离、安全时距等。

为了达到这个目标，研究人员发现了重要的管道规则。在安全距离内跟随其他车辆的规则是：驾驶速度每增加16.1 km/h，就必须与前方车辆多保持一个车身的长度。

管道规则可以由通用的碰撞避免（Collision Avoidance，CA）或安全距离公式产生。

$$\Delta x^{\mathrm{safe}}(v_i) = L + T \cdot v_i + \psi \cdot v_i^2 \tag{10.1}$$

式中，L表示车辆长度；T表示安全距离；$\psi \cdot v_i^2$表示制动距离，ψ是关于跟随车辆负加速度和前导车辆负加速度的参数调整函数。

当$\psi=0$时，前导车辆和跟随车辆的制动距离被认为是相同的；当前导车辆突然停止，ψ取最大值。对驾驶人来说，安全距离$\Delta x^{\mathrm{safe}}(v_i)$是使车辆完全停止的最小距离，包括反应时间和制动时间，安全距离是自身速度v_i的函数。

通过考虑人类的感知，1958年Chandler等研究人员提出：跟随车辆的加速度，应该与前导车辆和跟随车辆之间的相对速度成正比，给定的反应时间介于两数值之间。

$$\frac{\mathrm{d}v_i}{\mathrm{d}t}(t) = \gamma \cdot (v_{i+1}(t-T) - v_i(t-T)) \tag{10.2}$$

式中，γ代表驾驶人的灵敏度，激励由前导车辆与跟随车辆之间的相对速度定义。响应认为是跟随车辆的加速度或制动时间，1961年Gazis等把灵敏度定义为

$$\gamma = c \cdot \frac{v_i^m(t)}{\Delta x_i^l(t-T)} \tag{10.3}$$

式中，c表示调整系数；m表示速度指数，区间范围[-2,2]；l表示距离指数，区间范围[-4,1]。

合并式（10.2）和式（10.3），得到汽车模型

$$\frac{\mathrm{d}v_i}{\mathrm{d}t}(t) = c \cdot v_i^m(t)\frac{\Delta v_i(t-T)}{\Delta x_i^l(t-T)} \tag{10.4}$$

通用汽车模型把车辆在时刻t的加速度定义为时刻$t-T$两辆车速度差和距离差的函数。

当采用通用汽车模型的离散公式时，附加参数Δt作为更新时隙，加速度被认为是常数。为了实现离散最优化，需满足$\Delta t \leqslant T$，并且比率$T/\Delta t$可以导出一个整数。通用汽车模型的离散公式描述如下

$$x_i[t] = \frac{1}{2} \cdot a_i[t-\Delta t] \cdot \Delta t^2 + v_i[t-\Delta t] \cdot \Delta t + x_i[t-\Delta t] \tag{10.5}$$

$$x_i[t] = a_i[t-\Delta t] \cdot \Delta t + v_i[t-\Delta t] \tag{10.6}$$

$$a_i[t] = c \cdot v_i^m(t) \cdot \frac{\Delta v_i(t-T)}{\Delta x_i^l(t-T)} \tag{10.7}$$

（2）智能驾驶模型

智能驾驶模型（Intelligent Driver Model，IDM）计算瞬时加速度，包括用来达到速度v_i^{des}的自由加速度$a^{free} = a \cdot [1 - (v_i/v_i^{des})^4]$以及与车辆$i+1$交互的负加速度$a^{int} = -a \cdot (\delta/\Delta x_i(t))^2$，IDM模型可以用如下公式描述

$$\frac{\mathrm{d}v_i}{\mathrm{d}t}(t) = a\left(1 - \left(\frac{v_i(t)}{v_i^{des}}\right)^4 - \left(\frac{\delta(v_i(t), \Delta v_i(t))}{\Delta v_i(t)}\right)^2\right) \tag{10.8}$$

$$\delta(v_i(t), \Delta v_i(t)) = \Delta x^{rest} + \left(v_i(t)T + \frac{v_i(t) \cdot \Delta v_i(t)}{2\sqrt{a \cdot b}}\right) \tag{10.9}$$

式中，v_i^{des}是需求速度，分布在$[v^{min} \cdots v^{max}]$；Δx^{rest}是两辆车之间的距离差。

从式（10.8）和式（10.9）中可以观察出IDM模型是一个纯确定性模型，仅基于确定性刺激获取瞬间加速度，对不合理的行为无法建模。

2. 宏观车流模型

宏观仿真方法的目的是再现宏观量，而不是个体数量。在研究中考虑路段$[x, x +\Delta x]$，简称路段x。宏观模型描述车辆密度$\rho(x, t)$、车辆速度$v(x, t)$和车流$m(x, t)$的联合演变。车辆密度$\rho(x, t)$反映在时间t位于x处的预测车辆数量，车流$m(x, t)$表示在时间间隙$[t + \Delta t]$内通过x车辆的期望数目，车辆速度$v(x, t)$就是x车辆的期望速度。三者满足公式

$$v(x, t) = m(x, t)/\rho(x, t) \tag{10.10}$$

流体模型中的基本公式是车辆守恒，描述如下

$$m(x, t) = \rho(x, t) \cdot v(x, t) \tag{10.11}$$

$$\frac{\partial \rho(x, t)}{\partial t} + \frac{\partial m(x, t)}{\partial x} = 0 \tag{10.12}$$

式（10.11）描述流量、速度和密度之间的关系，式（10.12）描述车辆在路段x的密度随输入流和输出流而改变。

著名的流体模型LWR（Lighthill–Whitham–Richard）把速度表示为密度的函数$v(x, t) = v(\rho(x, t))$，由此可以推出

$$\frac{\partial \rho(x, t)}{\partial t} + \frac{\partial \rho(x, t) \cdot v(\rho(x, t))}{\partial x} = 0 \tag{10.13}$$

$$\frac{\partial \rho(x, t)}{\partial t} + \frac{\partial \rho(x, t) \cdot v(\rho(x, t))}{\partial p} \cdot \frac{\partial \rho(x, t)}{\partial x} = 0 \tag{10.14}$$

LWR模型计算复杂度低，是大规模交通仿真的良好选择，但是不能够达到微观车流模型的精度。LWR模型能够对动力波进行建模，但不能在比宏观参数测量更小的区域内对分簇效果进行建模，这是城市车辆建模的严重限制因素。总之，流体运动模型的主要优点是能够反映车辆移动的总体性能，并减少计算负担。

3. 介观车流模型

介观模型在个体层对车辆之间交互行为进行描述，在中间层对车流进行建模，对车流的融合层进行总体特性建模。具体可能描述某个特定时间和空间的速度分布，或某个特定的时间和空间的车辆到达率或车辆间隔时间，同时车辆的行为受这些信息控制。介观模型能够在个体车辆建模和大量车辆建模之间取得有效的折中，介观模型可以采取多种方式，对车辆间隔时间分布建模，或对车辆簇的大小或密度进行建模。

10.2.6 构建车辆移动模型

车联网是无线通信网络，无线通信模块需要获得拓扑信息和运动模式进行建模，还需要访问每个发送者的数据流模型，并在网络仿真软件中对模块内的功能进行验证。本节侧重于交通系统的微观仿真模拟，在车－X通信中，使用模型库中的仿真模型。例如，车辆模型选择wlan_station_adv模块。尽

管模型受到实际情况的限制，但能够通过修改其模块MAC层等的源码方式解决。

1. 车辆模块的Node模型

车辆模块的Node模型如图10.8所示。模块的Node模型的应用层功能由Application模块实现；ARP模块、IP模块、TCP模块共同实现TCP/IP协议栈网络层的功能。该模块支持IEEE 802.11标准，为单独研究MAC层的协议提供了极大方便。

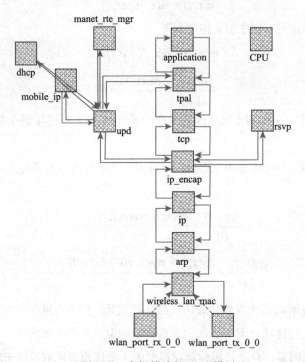

图10.8 车辆模块的Node模型

2. 车辆模块的输入接口界面

车辆模块的输入接口界面如图10.9所示。输入接口参数主要包括：Rts门限、拆分门限、数据传输速率、物理特征的选择（信令帧间隔、DCF帧间隔、最小和最大竞争窗口大小）、短包重试限制、长包重试限制、信道设置、缓存大小、最大接收生存时间和无线局域网通信范围等。

3. 车辆模块的输出接口界面

车辆模块的输出接口界面如图10.10所示。输出接口参数主要包括：退避时隙个数、信道预留（NAV 计数器）、发送的信令业务（包括Ack、Rts和Cts）、接收的信令业务（包括Ack、Rts和Cts）、发送的数据业务、接收的数据业务、丢弃的数据包、高层数据包队列大小、AP关联、负载、信道接入时延、重传尝试次数和吞吐量等。

（a）车辆模块的输入接口界面1

（b）车辆模块的输入接口界面2

图10.9　车辆模块的输入接口界面

4．车辆模块TCP层的有限状态机结构图

通过对各种行为进行单独建模，再通过有限状态机将它们集成为一个系统而形成最终的IEEE 802.11标准支持的模块。车辆模块TCP层的有限状态机结构图如图10.11所示。

图10.10　车辆模块的输出接口界面

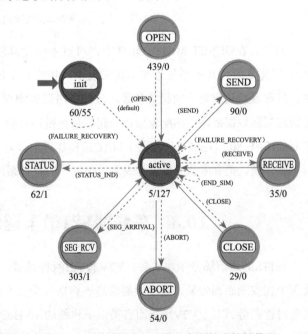

图10.11　车辆模块TCP层的有限状态机结构图

5．车辆模块IP层的有限状态机结构图

车辆模块IP层的有限状态机结构图如图10.12所示。

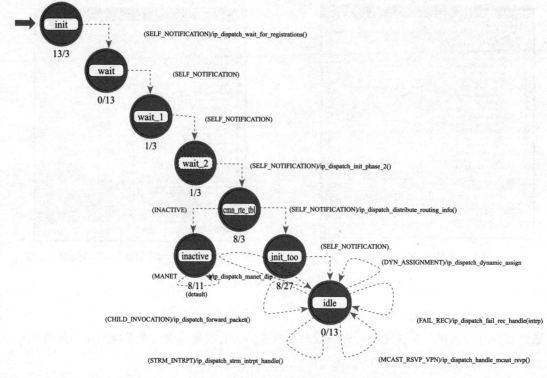

图10.12　车辆模块IP层的有限状态机结构图

因此，在OPNET Modeler软件中，可以手动建立应用层模型，也可用应用层内置的应用模型。MAC层建立的仿真模型包含在仿真实现中，物理层上所做的工作较为复杂。在实际仿真模型的建立中，只设置协议所对应的相关参数。数据链路层和物理层之间的关系十分紧密，OPNET Modeler软件把物理层和数据链路层的配置放在一起。数据链路层负责实现功能的协议是MAC协议。专门为车联网定制的IEEE 802.11p协议，覆盖了MAC层和物理层，对车联网是非常合适的选择。通过对各种行为进行单独建模，把有限状态机集合成为一个统一的整体系统，形成了IEEE 802.11标准支持的模块。

10.3　车联网V2I单车道单向运行场景建模

在ITS的通信场景中，主要有V2V和V2I两种场景。其中，V2I场景除了与娱乐相关的业务，还主要集中在安全距离告警、速度限制信息、路口安全、车道保持以及交通拥塞告警等一系列与安全相关的实时性业务。对于V2V场景而言类似于传统的Ad Hoc网络，车辆之间互相交换路况信息和行驶状态信息，实现车辆与车辆之间的直接通信，为驾驶决策提供参考。

总之，这些业务的目的是向车辆（驾驶人）提供实时性信息，防止发生交通事故，常用于仿真无线局域网IEEE 802.11标准的车联网及其协议栈。这样构造的仿真环境将更真实、准确地反映出车联网的特性。

1. 仿真环境构建

兰州黄河风情线是兰州市的核心景区,东起城关区雁滩,西至西固区西,全长百余里的南北滨河路,是目前全国最长的市内滨河路,仿真环境以兰州黄河风情线南北滨河路道路交通为背景。

①车辆位置的可预测性。车辆移动时只能沿着道路行驶,遵循固定的线路,即车辆行驶轨迹受道路约束,具有一定的规律性。也就是车辆移动规律取决于道路,即车辆只能在道路上单向或双向移动,一般情况下可以预测移动车辆的运动轨迹。

②移动节点独占其与AP间的通信信道。车辆(车辆与基础设施之间的通信网络移动节点),依次通过一系列无线接入点AP。一个AP服务区内的移动节点在某时刻的数量是有限的。在同一AP无线信号的覆盖范围内,最多有两个移动节点活动,节点之间的干扰较小,可以忽略。

③简化不必要的细节,提高系统的整体性能。在兰州南北滨河路道路交通场景下,除交叉口外,车辆节点呈线状分布。车辆与基础设施(V2I)通信网络中,车辆的运动方式相对简单。

本节搭建车辆与基础设施(V2I)无线数据传输的场景网络模型。车辆的运行线路是5 000 m的道路,线路上共有7个地面无线网络接入点AP,覆盖了整个线路。1个移动设备——车载单元在线路上的运行速度设定30 km/h。地面骨干网络支持IEEE 802.11标准。网络拓扑结构示意图如图10.13所示。

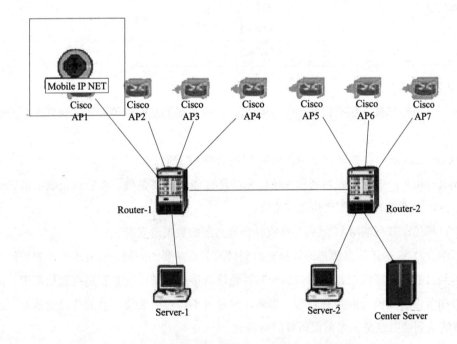

图10.13 网络拓扑结构示意图

2. 车联网V2I单车道单向运行场景建模

实验场景搭建如下:地面无线接入点由WLAN–Ethernet路由器代替,分别命名为AP1,AP2,…,

AP7；路侧单元采用级别不同的服务器，分别命名为Center Server、Server-1和Server-2，使用100Base-T链路将地面无线接入点、路由器与相应服务器连接。移动节点（车辆）选择了模块wlan_station_adv。

地面无线接入点和车载移动无线设备都支持IEEE 802.11标准，移动节点和AP1具有同样的基本服务子集BSS标识，即ID=0；接收节点只需配置其IP地址。基本服务子集BSS的ID分别配置为0，1，2，3，4，5，6。另外，Wireless LAN Parameters参数中的Roaming Capability 设定为Enable。表10.1所示为仿真的主要参数。

表10.1 仿真的主要参数

主要参数	取值范围
网络仿真平台	OPNET Modeler 14.5
仿真范围	5 000 m×5 000 m
仿真时间	360 s
无线信号通信距离	100 m
数据传输速率	11 Mbit/s
AP数目	7
车辆数	1
Ad Hoc Routing Protocol	DSR
车辆的移动速度	30 km/h
数据大小	512 KB

3. 收集统计量和运行参数

研究人员通常选择不同的参数，包括关联AP、吞吐量、负载和端到端时延等参数，研究车联网通信系统的性能。

①关联AP（AP Connectivity）：描述车联网的MAC层是否与AP关联。

②吞吐量（Throughput）：评价车联网通信系统信息传递性能的重要参数。吞吐量反映了信息通过节点速率的快慢，吞吐量越高，表明信息传递越通畅。

③负载（Load）：描述车联网的MAC层成功接收并传给高层的数据总负荷。

④端到端时延（Delay）：描述信息源传递数据分组到目的节点需要的时间。时延越小，表明信息可以更加快速地被传到目的地。降低时延的有效措施是尽量降低信息的转发次数和提高通信范围，但在车联网通信中，移动节点的通信范围是有限的。当然，时延越小，对于紧急信息的传递越重要。因此，如何降低车联网的端到端时延是一个值得研究的问题。

进行统计数据的收集，在仿真属性对话框中将Seed设置为128，仿真运行时间设置为360 s，如图10.14所示。

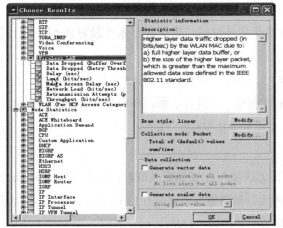
（a）收集统计量

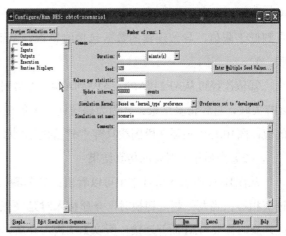
（b）仿真属性设置

图10.14　收集统计量和仿真属性设置系统运行截图

4．仿真结果分析

仿真运行结束，有关统计量收集及运行结果分析。

（1）AP关联的仿真结果

从图10.15所示的仿真结果可以看出，移动节点–车辆与无线接入点AP之间相互关联的图线值。

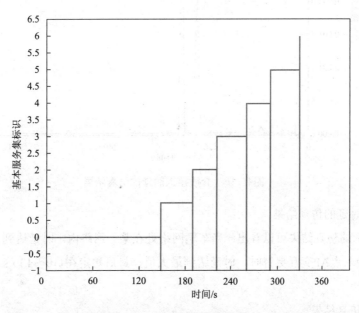

图10.15　AP关联的仿真结果

①仿真初期与AP1相互关联，此时图线值为AP1的BSS标识——编号"0"。

②当运行到AP1与AP2之间时，其间需要断开与AP1的关联状态，图线跳变为"–1"，马上又与

AP2关联，完成切换，图线值为AP2的BSS标识——编号"1"。（因为接收AP1的功率逐渐减小，直到低于限值，导致连续的数据包接收错误，从而进行信号扫描，选择信号条件较好的AP2进行关联。）

③依次经过从AP2到AP3、AP3到AP4、AP4到AP5、AP5到AP6、AP6到AP7五次切换，并一直与AP7关联，直到仿真结束。（因为该统计变量的值不再改变，不进行更新，所以停留在最近一次变化的值，图10.15中最后一段图线只有"6"的起始点，表明变量值保持在"6"。）

（2）介质接入时延的仿真结果

从图10.16所示的仿真结果可以看出：当车辆与某无线接入点AP稳定关联时，接入时间为0，与理论值相等；当发生越区切换时，介质接入时延突然增大，最终数据值固定在130～200 s之间。因为越区切换时需要与AP断开连接，所以无法接入介质，导致明显的接入时延。

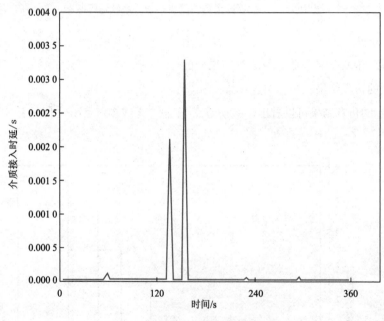

图10.16　介质接入时延的仿真结果

（3）车联网时延的仿真结果

从图10.17所示的仿真结果可以看出：当车辆网络处在某一网络内，时延达到最小值，几乎为零；当车联网的无线接入点AP交互更替时，时延达到最大值，最后稳定在110～130 s之间。所以，网络时延变化灵敏。

（4）负载的仿真结果

从图10.18所示的仿真结果可以看出：总负载的变化比较稳定。在仿真开始时，网络和设备处于初始化状态，需要不断融合，因此负载数值变化较大。正常工作时总负载值保持在1 000～4000 bti/s之间。

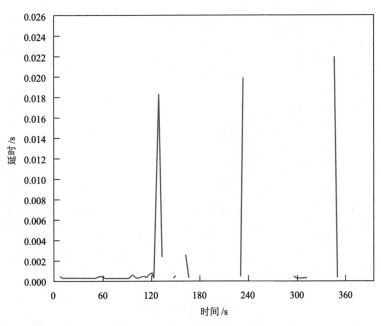

图10.17　车联网时延的仿真结果

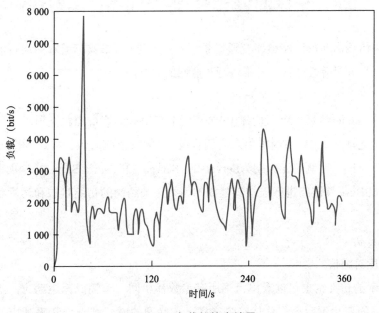

图10.18　负载的仿真结果

（5）吞吐量的仿真结果

从图10.19所示的仿真结果可以看出：吞吐量有些损失。当网络和设备处于初始状态时，需要不断融合；在正常状态下吞吐量变化达到2 000 bit/s左右；在某些时间段，因为网络丢包或时延的原因，导致吞吐量接近零。

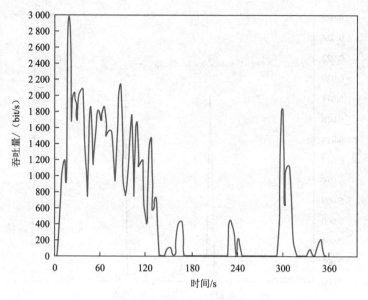

图10.19　吞吐量的仿真结果

10.4　车联网V2I双车道双向运行场景建模

在兰州黄河风情线南北滨河路道路交通场景下，主要进行V2I双车道双向运行场景建模。从关联AP、时延、负载、吞吐量等性能评价标准进行车联网的研究。

1. 车联网V2I双车道双向运行场景建模

利用OPNET Modeler仿真平台，构建由9个车辆节点组成的城市道路交通场景下的车间通信网络模型，双车道双向运动。其中，5辆车由东向西行驶、4辆车由西向东行驶、地面无线接入点分别为AP1、AP2、……、AP7，路侧单元分别为Server-1、Server-2和Center Server。地面无线接入点、路由器和服务器通过100Base-T链路进行连接。建立的网络拓扑结构的初始状态和运行状态的数据通信情况如图10.20所示。

2. 仿真结果分析

（1）车辆密度对通信的影响

从图10.21所示的仿真结果可以看出：当所有参数都相同，车辆低速运动时，随着车辆数目的增加，介质接入时延的变化不明显，总体趋势一样；车联网的时延减少，几乎减少一半；网络负载增加；并且网络的吞吐量显著增加。

仿真实验表明：车辆在低速运动时，车辆的密度不影响车辆与基础设施之间的通信性能。因为在城市道路交通场景下，没有道路中心线的道路，车辆速度设计为30～40 km/h。因此，在车辆低速运行时，车辆的数目不会影响V2I的通信质量。

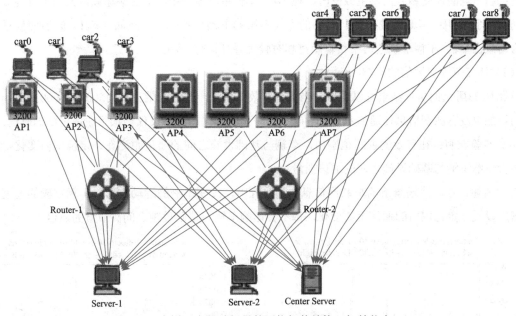

（a）双车道双向运动场景的网络拓扑结构（初始状态）

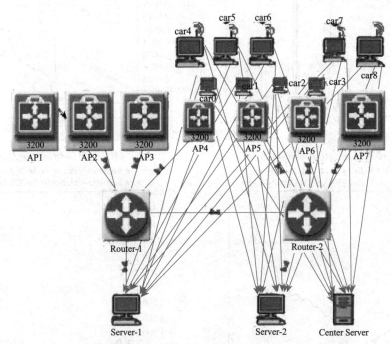

（b）双车道双向运动场景的网络拓扑结构（运行状态）

图10.20 双车道双向运动场景的网络拓扑结构示意图

（2）车辆速度、方向对通信的影响

当所有参数都相同，车辆的速度分别为60 km/h和90 km/h时，如图10.22所示。从图的仿真结果可以看出：当车辆的速度和方向发生改变时，在车辆–车辆单跳通信中不会影响车联网的通信性能。

仿真实验表明：车辆行驶速度、运动的方向不影响车辆与基础设施之间（V2I）的通信质量。这是因为信息在车辆–车辆单跳通信中传输距离相对较短并且只有一跳。

（3）通信范围对通信的影响

从图10.23所示的仿真结果可以看出：当所有参数都相同，通信范围分别为500 m和600 m时，通信范围的增加也没有改变信息传递的负载、吞吐量和时延的变化趋势，仅仅增加了通信持续的时间。

仿真实验表明：在有效的视距范围内，车辆与基础设施之间的通信距离在一定范围内变化，通信距离不会影响车辆与基础设施之间的通信质量。

综上所述，在单跳场景下的车联网信息传递研究中，改变车辆的运动方向、车辆行驶的速度、车辆的密度以及一定范围内的通信距离变化，都不会影响车辆与基础设施之间高质量的通信。

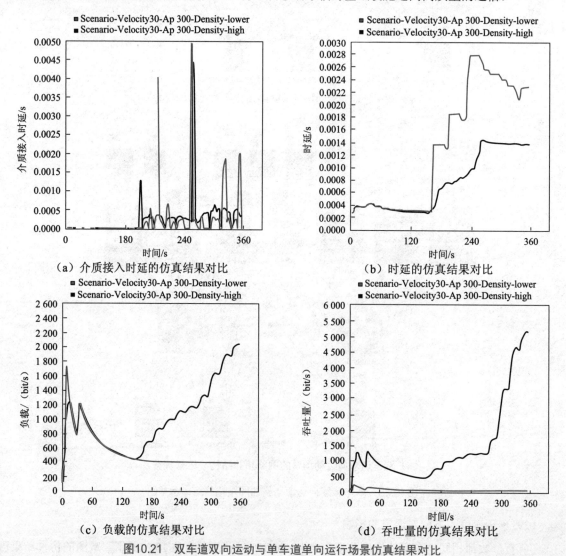

图10.21　双车道双向运动与单车道单向运行场景仿真结果对比

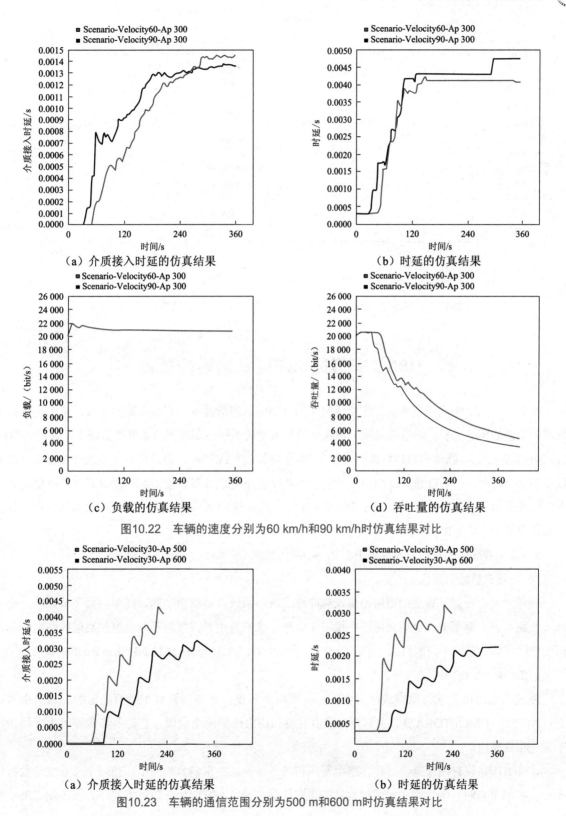

（a）介质接入时延的仿真结果

（b）时延的仿真结果

（c）负载的仿真结果

（d）吞吐量的仿真结果

图10.22 车辆的速度分别为60 km/h和90 km/h时仿真结果对比

（a）介质接入时延的仿真结果

（b）时延的仿真结果

图10.23 车辆的通信范围分别为500 m和600 m时仿真结果对比

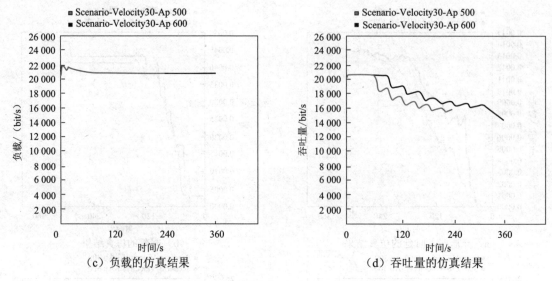

图10.23 车辆的通信范围分别为500 m和600 m时仿真结果对比（续）

10.5 车联网V2V运动场景的建模

车联网是基于物联网技术的智能交通领域的重要网络通信技术，有着广阔的前景，路由协议是车联网中关键的环节之一。本节建立基于物联网的智能交通系统中车联网的数据通信场景，使用OPNET Modeler软件评估车联网的总体性能。对于车辆–车辆通信V2V网络，通过模拟仿真验证AODV路由协议在网络平均时延、吞吐量、路由负载、丢包率和路由平均跳数等性能上都比DSR路由协议更适合车联网的通信要求。在低速运动中，对于移动性比较强的车辆–车辆通信网络，AODV协议比DSR协议更适合作为其网络层的路由协议。

1．基于物联网的智能交通系统中车联网的路由技术

（1）预选型路由协议

预选型路由协议又称主动型路由协议或前应式路由协议，是表驱动的，需要在每个节点维护一个或多个路由表。每个节点定期向网络广播拓扑信息，维护路由表，采用不同内容和数量的路由表和不同的广播策略，形成不同的路由协议：DSDV、WRP和OLSR（Optimized Link State Routing）等。

（2）随选型路由协议

随选型路由协议又称反应式路由协议、按需路由协议，是专门针对车联网提出的。该路由协议有：AODV、DSR和TORA等。主要分为路由发现和路由维护两个阶段。在源节点需要时生成路由，不预先生成路由。

①AODV协议有两个重要过程：路由发现和路由维护。在车辆自组网中，当一个节点发送数据包给一个目的节点时，采用路由发现过程动态决定这条路径。AODV协议通过扩展环方法控制在路由发

现过程中RREQ的泛洪式发送。

②DSR协议包含路由发现和路由维护两个过程。它的路由发现是寻找从源节点到目的节点之间的源路由。

从理论上讲，AODV路由协议比DSR路由协议在网络平均时延、吞吐量、路由负载、丢包率和路由平均跳数等性能上都应该适合实际网络的通信要求。

2. 基于物联网的智能交通系统中车联网的拓扑结构

城市道路从等级上可划分为快速路、主干路、次干路和支路等类型。快速路车辆可以保持在60~80 km/h的行驶速度，车道宽度一般为3.50~3.75 m；主干路一般为双向6~8车道，设计车速为40~60 km/h，车道宽度一般为3.25~3.50 m；一般情况下，次干路设计车速为30~40 km/h，次干路的非机动车道的宽度为3~3.5 m；支路车速为小于30 km/h。

在兰州黄河风情线南北滨河路道路交通场景下，仿真运行线路是5 000 m，忽略车道的宽度。利用OPNET Modeler仿真平台建立由9个车辆节点组成的车辆–车辆通信网络模型。双向8个机动车道和1个机非混行车道。其中，4辆车由西向东行驶，5辆车由东向西行驶，平均速度设为30 km/h，地面无线接入点分别为AP1，AP2，…，AP7，路侧单元分别为Server–1、Server–2和Center Server，地面无线接入点、路由器和服务器等设备通过100Base–T链路连接。重点建立一个模拟的车辆–车辆网络场景，一个能够适用于车辆–车辆（V2V）网络的路由协议，并在9个车辆节点分别应用DSR协议和AODV协议，比较二者在无线车辆–车辆通信网络时的性能。仿真时间为600 s，网络拓扑结构示意图如图10.24所示。

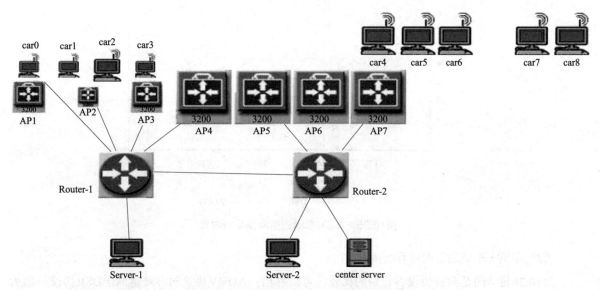

图10.24　车辆–车辆通信网络拓扑结构示意图

3. 性能评价标准

主要根据下列评价标准进行性能评估。

① 吞吐量。

② 平均端到端时延。

③ 负载。

④ 丢包率。

⑤ 端到端路由的平均跳数。

4．基于物联网的智能交通系统中车联网路由协议仿真分析比较

（1）车辆-车辆通信网络平均时延对比

图10.25为DSR协议和AODV协议网络平均时延对比图，可以看出：动态源路由协议DSR的平均时延比AODV协议的时延要大。因此，从网络平均时延这方面性能看，AODV协议比DSR协议占有优势，能更好地满足移动环境下车辆—车辆网络的通信要求。

因为AODV协议通过使用序列号，可以保证每次发现的路由都是最新的，有效地提高了路由的有效性，也减小了数据包重发的概率。而DSR协议在发送的每个数据包的头部都携带路由信息，这增加了报文的长度，所以增加了节点的处理时延和排队时延，从而导致时延要长于AODV协议。而且DSR协议使用路由缓存技术，依靠路由缓存可能挑选过期的路由，同样可以引起时延的大幅增加。

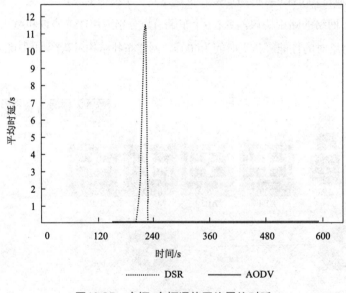

图10.25　车辆-车辆通信网络平均时延

（2）车辆—车辆通信网络吞吐量对比

图10.26显示的是两种协议吞吐量的比较，可以看出：AODV协议的吞吐量高于DSR协议。因为AODV协议既具有DSR协议的路由发现和路由维护功能，同时使用DSDV协议的逐跳路由、序列号和Hello消息。AODV协议实现DSDV协议和DSR协议的结合，因此与采用源路由的DSR协议相比，AODV协议提高了网络带宽的利用率，在吞吐量特性方面都优于DSR协议。

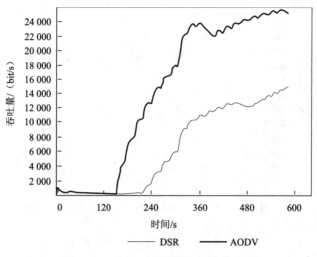

图10.26　车辆—车辆通信网络吞吐量

（3）车辆–车辆通信网络负载对比

从图10.27可以看出：DSR协议的负载明显小于AODV协议。这是由于DSR协议路由负载主要是路径错误包（RERR）与路由应答（RREP）分组，通过分组建立许多条到达目的节点的路由。DSR协议使用缓存技术和混杂接收方式侦听路由请求分组，从而最大限度上降低了路由负载。而AODV协议路由负载主要是路由请求（RREQ）分组。

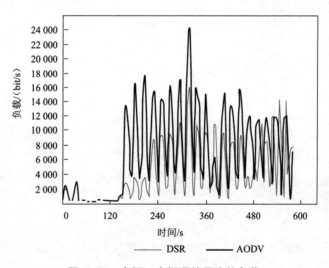

图10.27　车辆—车辆通信网络的负载

（4）车辆–车辆通信网络丢包率对比

从图10.28可以看出：在丢包率方面，开始AODV协议比DSR协议的丢包率小，随着仿真时间的变化，AODV协议和DSR协议都是稳定维持在一个小的范围内，DSR协议的性能始终保持在一个比较稳定的范围内，而AODV协议则随着仿真时间的增加而出现明显的增大。

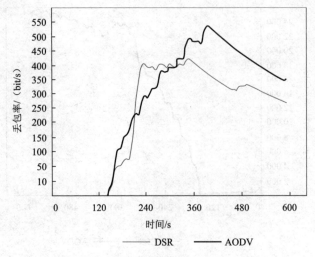

图10.28　车辆—车辆通信网络的丢包率

（5）车辆–车辆通信网络端到端路由平均跳数对比

从图10.29可以看出：AODV协议路由平均跳数小于DSR协议。因为AODV协议是按需路由协议DSR和表驱动路由协议DSDV的结合，既具有DSR协议的路由发现和路由维护机制，同时又使用DSDV的逐跳路由、序列号和周期性更新机制。

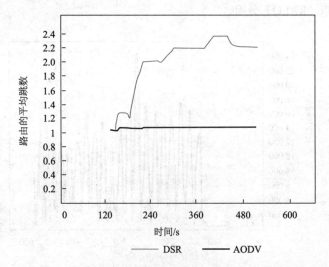

图10.29　车辆—车辆通信网络的端到端路由的平均跳数

AODV协议采用与DSR协议类似的广播式路由发现机制。与DSR协议相比，AODV协议的路由依赖于中间节点建立和维护动态路由表。在AODV协议中，路由中的每个节点都维护一张路由表，因而数据报文头部不再需要携带完整的路由信息，从而提高了协议的效率。

仿真实验表明：对于车辆–车辆（V2V）通信网络，AODV路由协议在网络平均时延、吞吐量、路由负载、丢包率和路由平均跳数等性能上都比DSR路由协议更适合实际网络的通信要求。得出如下结论：在低速运动中，对于移动性比较强的车辆–车辆（V2V）通信网络，AODV协议比DSR协议更适合作为其网络层的路由协议。

10.6 车联网V2I具有冗余系统的场景建模

建立车联网V2I具有冗余系统场景的研究模型应具有如下特点。

（1）无线接入点AP交叉部署

城市道路沿线的AP间隔与不同基站交换机相连。例如，AP1、AP 3、AP 5、AP 7与N基站的交换机互联，而AP2、AP4、AP6则与$N+1$基站的交换机对接，通过这种设计避免基站交换机故障导致基站沿线无线网络瘫痪。当某一个基站交换机甚至整个基站因为意外情况发生故障，城市道路沿线仍然有半数AP可以正常接入主控、备用系统控制中心。

（2）无线接入点AP信号冗余覆盖

每个基站的AP都可以覆盖2倍以上的AP间隔距离。通过这样的接入设计，可以完全避免由于基站交换机意外情况发生故障时对系统带来的影响。例如，即使单个APN出现故障，相邻两个AP$N-1$、AP$N+1$的信号依然能覆盖到APN的空缺范围，保障无线信号的连续不中断。

（3）相邻无线接入点AP之间信道的设置

相邻无线接入点AP之间设置不同的信道，本节仿真实验采用IEEE 802.11标准。建立的V2I场景在相邻无线接入点之间设置了不同的信道，避免相邻无线接入点间无线信号的同频干扰。

（4）冗余系统在越区切换的应用

在车辆中安装冗余系统的车载单元，车载单元经过的无线信号覆盖强度由弱到强。在这种情况下，车载单元非常容易判断切换条件，因为在切换点，相邻2个无线接入点AP的无线信号的场强差异很大，车载单元可以立刻做出判断并进行切换。图10.30所示为冗余系统的越区切换过程示意图。

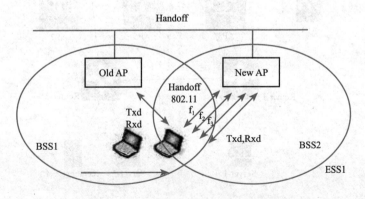

图10.30 冗余系统的越区切换过程示意图

1. 车联网V2I具有冗余系统的建模

车联网V2I场景建立如下：在线路上有7个地面无线网络接入点对整段线路进行覆盖。车载单元在该段线路的运行速度为30 km/h。网络拓扑结构示意图如图10.31所示。图10.31（a）显示具有一套车载单元设备的网络拓扑结构场景图，图10.31（b）显示具有两套独立的车载单元的冗余系统的网络拓扑结构场景示意图。

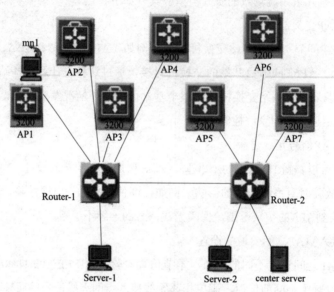

（a）具有一套车载单元设备的网络拓扑结构

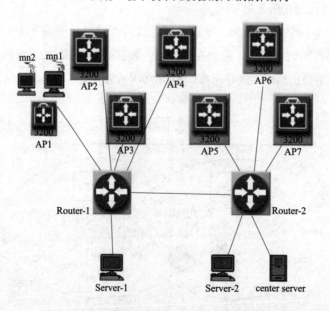

（b）具有两套独立的车载单元的冗余系统的网络拓扑结构

图10.31　网络拓扑结构示意图

2．参数及场景

车联网V2I场景的仿真是一个实例。本实验的测试环境如下：计算机配置为CPU Pentium（R）4，主频为3.0 GHz，内存为512 MB，操作系统为Windows XP，网络仿真平台为OPNET Modeler 14.5。网络模型的规模为5000 m×5000 m大小，表10.2所示为仿真的主要参数。

表10.2 仿真的主要参数

主要参数	取值范围
网络仿真平台	OPNET Modeler 14.5
仿真范围	5 000 m×5 000 m
仿真时间	360 s
无线信号通信距离	100 m
数据传输速率	11 Mbit/s
车辆的移动速度	30 km/s
AP数目	7
数据大小	512 KB

地面无线接入点（AP1，AP2，…，AP7）分别由WLAN-Ethernet路由器代替，轨旁控制器（Server-1、Server-2）和中央控制器（Center Server）分别由级别不同的服务器代表，使用100Base-T链路将地面无线接入点、服务器与相应路由器连接。移动设备（车载控制器）由移动IP子网构成。包含1个移动路由器和1个接收节点。移动路由器的模块为mip_wlan_ethernet_slip4_adv。

移动路由器的接口信息配置如下：

①IP地址。

②用于路由的地址。

③它与AP1有相同的基本服务子集BSS标识，即ID=0。

④Wireless LAN Parameters参数中的Roaming Capability设置为Enable，使它在整个网络内的移动成为可能。另外，接收节点仅需配置其IP地址。地面无线接入点与车载移动无线设备均使用基于IEEE 802.11标准设备，传输带宽为11 Mbit/s，基本服务子集BSS的ID分别配置为0、1、2、3、4、5、6。移动IP采用IPv4标准。

3．统计量的收集

（1）关联AP（AP Connectivity）

关联AP表示无线网络的MAC层是否与AP关联。当MAC层与之前的AP失去关联时，统计量值为"-1"；当其与另一个AP关联时，其值为新关联AP的BSS编号。

（2）吞吐量（Throughput）

单位时间内在信道上成功传输的信息量称为吞吐量，即无线网络MAC层成功接收并传给高层的总的数据流量，单位是bit/s。当信道上发生传输碰撞和传输错误时，必然导致丢失帧，这时信道时间被浪费。信道时间浪费的程度将反映MAC层协议的优劣。

（3）时延（Delay）

时延表示所有由无线网络MAC层成功接收并传给高层的数据包的端到端时延，单位为s。

（4）负载（Load）

负载表示无线网络MAC层成功接收并传给高层的数据总负荷，单位是bit/s。

收集数据时，在仿真属性对话框中将仿真运行时间设置为360 s，Seed设置为128。仿真运行结束，进行有关统计量收集。

4．不同网络配置参数下的场景及仿真结果

（1）MAC层数据传输速率配置的仿真

表10.3所示为仿真的主要参数。图10.31（a）所示为网络拓扑示意图，车辆的速度设定为30 km/h，分别将场景一、场景二和场景三中的数据传输速率设置为2 Mbit/s、5.5 Mbit/s和11 Mbit/s。运行仿真，得到图10.32所示的结果。

表10.3　仿真的主要参数

主要参数	取值范围
网络仿真平台	OPNET Modeler 14.5
仿真范围	5 000 m×5 000 m
仿真时间	360 s
无线信号通信距离	100 m
数据传输速率	2 Mbit/s、5.5 Mbit/s、11 Mbit/s
AP数目	7
车辆的移动速度	30 m/s
数据大小	512 KB

从仿真结果可以看出：

①车辆与无线接入点AP相关联很好。仿真开始，车辆与AP1相关联，图线值为AP1的BSS编号"0"，当运行到AP1与AP2之间时，由于接收到AP1的功率逐渐减小，直至低于门限值，导致连续的数据包接收错误，从而进行信号扫描，选择信号条件较好的AP2进行关联。其间需要断开与AP1的关联状态，所以图线跳变为"−1"，马上又与AP2关联，完成切换，此时图线值为AP2的BSS编号"1"。之后继续经过从AP2到AP3、AP3到AP4、AP4到AP5、AP5到AP6、AP6到AP7五次切换；并一直与AP7关联，直至仿真时间结束。

②吞吐量变化比较稳定。在仿真开始阶段，因为网络和设备处于初始化状态，需要融合，所以吞吐量变化大。正常工作时吞吐量一直保持在700～1 000 bit/s。

③网络时延的变化。当速率为2 Mbit/s时，时延最大，几乎接近0.000 7 s；当速率分别为5.5 Mbit/s和11 Mbit/s时，时延都比较小，分别为0.000 4 s和0.000 3 s。

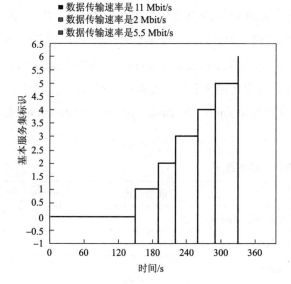

（a）无线网络的"关联AP"

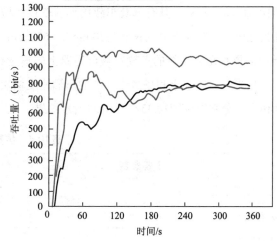

（b）无线网络的吞吐量

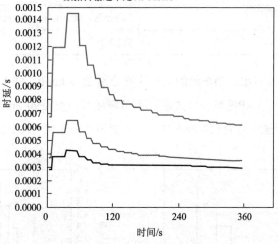

（c）无线网络的时延

图10.32　传输速率变化的网络性能参数统计

仿真实验表明：当网络的性能趋于稳定，如果其他条件不变，网络时延会随着数据传输速率的增大而不断减小。在选择IEEE 802.11b标准的某些情况下，如果数据通信系统对吞吐量和数据传输速率要求不太高，则能够选择5.5 Mbit/s的数据传输速率。此时，吞吐量和时延都能够达到一个较合理的数值。

得出如下结论：随着数据传输速率的提高，网络时延减少，吞吐量趋于稳定。车载单元与路侧单元之间交换数据时的最佳数据传输速率设置在5.5 Mbit/s左右。

（2）车辆速度配置的仿真

①一套设备与冗余系统的"关联AP"参数对比。表10.4所示为仿真的主要参数。网络拓扑结构如图10.31（a）所示，具有一套车载单元的车辆在城市道路上匀速运行。将场景四、场景五、场景六和场景七中的车辆速度分别设置为30 km/h、60 km/h、90 km/h和120 km/h；网络拓扑结构如图10.31（b）所示，具有冗余系统的车辆在城市道路上匀速运行。数据传输速率都设置为11 Mbit/s，分别将场景八、场景九、场景十和场景十一中的车辆速度依次设置为30 km/h、60 km/h、90 km/h和120 km/h。运行仿真，分别得到图10.33和图10.34所示结果。

表10.4　仿真的主要参数

主要参数	取值范围
网络仿真平台	OPNET Modeler 14.5
仿真范围	5 000 m×5 000 m
仿真时间	360 s
无线信号的通信距离	100 m
数据传输速率	11 Mbit/s
AP的数目	7
车辆的移动速度	30 km/h、60 km/h、90 km/h、120 km/h
数据大小	512 KB

从图10.33仿真结果可以看出：当车辆的运行速度分别是30 km/h、60 km/h时，有一套设备和具有冗余系统的车辆与无线接入点AP能够很好关联；当车辆运行速度是90 km/h时，有一套设备的车辆与AP3没有关联；当车辆运行速度达到120 km/h时，有一套设备的车辆与AP6没有关联。

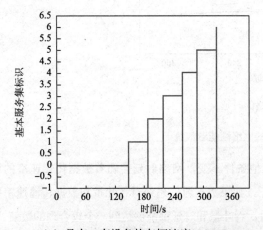
（a）具有一套设备的车辆速度30 km/h

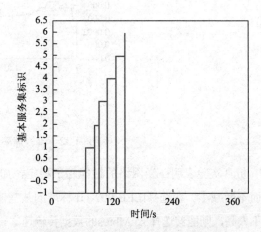
（b）具有一套设备的车辆速度60 km/h

图10.33　一套设备与冗余系统的"关联AP"对比图

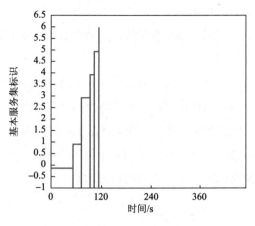

（c）具有一套设备的车辆速度90 km/h

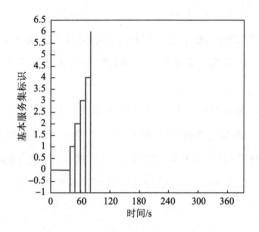

（d）具有一套设备的车辆速度120 km/h

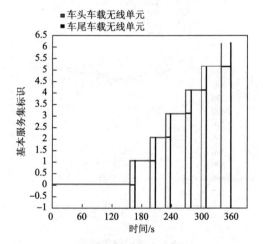

（e）具有冗余系统的车辆速度30 km/h

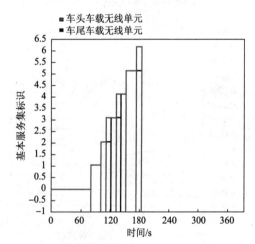

（f）具有冗余系统的车辆速度60 km/h

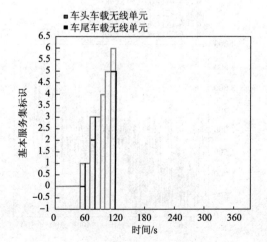

（g）具有冗余系统的车辆速度90 km/h

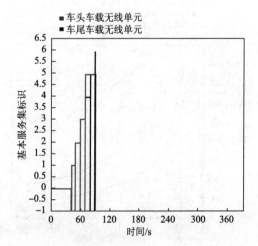

（h）具有冗余系统的车辆速度120 km/h

图10.33　一套设备与冗余系统的"关联AP"对比图（续）

仿真实验表明：当车辆在低速运行时，有一套设备和具有冗余系统的两种情况下，车辆与无线接入点AP关联都很好。但是当车辆运行的速度达到中速、高速时，有一套设备的车辆会出现通信中断现象。但具有冗余系统的车辆却始终与无线接入点AP很好关联。

得出如下结论：针对车联网中车辆的越区切换问题，在车辆上安装两套独立的车载单元，使两个车载单元并行工作。即便两者工作在相同的信道上，车联网的物理层和介质访问控制层也可以保证两者与地面无线接入点AP的通信不受干扰。在越区切换的过程中，两个网络接口在不同时间完成与旧AP解除连接、与新AP重新连接的操作，从而保证车辆上至少有一个网络接口处于可用状态。

②车辆运行速度变化的具有冗余系统的网络性能参数对比。从图10.34的仿真结果，可以进行如下总结。

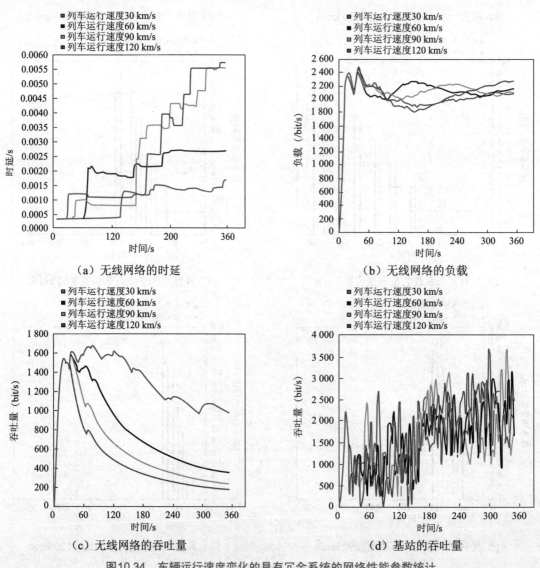

图10.34　车辆运行速度变化的具有冗余系统的网络性能参数统计

①网络时延的变化。无线网络的时延随着车辆运行速度的增加而增大，最后保持在0.001 0～0.006 0 s，可以满足V2I场景的网络需求。

②总负载变化较稳定。在仿真开始阶段，因为网络和设备处于初始化状态，需要融合，所以负载变化大。正常工作时总负载一直保持在1 800～2 400 bit/s之间。

③吞吐量的变化。因为随着车辆运行速度的增加，网络的丢包率或时延会增大。所以网络的吞吐量会随着车辆运行速度的增加而逐渐减少。

④基站对应服务器的吞吐量变化比较稳定。数据始终保持在1 000～3 500 bit/s，不受车辆运行速度的影响。

仿真实验表明：当车辆运行速度发生变化时，网络的吞吐量会随着车辆运行速度的增加而逐渐减少，而网络时延会随着车辆运行速度的增加而增大。

得出如下结论：车辆的运行速度会影响到越区切换，但对具有冗余系统的数据通信系统，几乎不受车辆速度的影响，因为冗余系统能够降低车辆越区切换对系统性能的影响。

小　结

本章主要阐述了网络通信仿真软件、基于物联网技术的车联网车辆移动建模理论，对车联网V2I单车道单向运行场景、V2I双车道双向运行场景、V2V运动场景和V2I具有冗余系统的场景分别进行了建模与仿真。

习　题

实践题

在互联网上查找网络通信仿真相关软件的资料。

参 考 文 献

[1] 魏赟，邬开俊. 计算机通信技术 [M]. 北京：气象出版社，2014.

[2] 魏赟. 单片机基础 [M]. 北京：气象出版社，2015.

[3] 魏赟. 基于物联网的智能交通系统中车辆自组织网络建模与仿真研究 [D]. 兰州：兰州交通大学，2017.

[4] 魏赟，鲁怀伟，何朝晖. 基于OPNET的智能交通系统仿真平台构建与性能分析 [J]. 北京交通大学学报，2015，39（2）：80-85.

[5] 魏赟，杨晓光，何晓帆. 基于物联网的城市道路交通场景下车辆自组织网络建模与仿真 [J]. 兰州交通大学学报，2018，37（1）：39-45.

[6] 詹国华. 物联网概论 [M]. 北京：清华大学出版社，2015.

[7] 魏旻，王平. 物联网导论 [M]. 北京：人民邮电出版社，2015.

[8] 陈明. 物联网概论 [M]. 北京：中国铁道出版社，2018.

[9] 刘静，师以贺. 物联网技术概论 [M]. 北京：化学工业出版社，2017.

[10] 王鹏，黄焱. 云计算与大数据技术 [M]. 北京：人民邮电出版社，2014.

[11] 罗忠文，杨林权. 人工智能实用教程 [M]. 北京：科学出版社，2015.